U0275896

黄河流域水利碑刻集成

山西卷 二

總 主 編 趙 超 行 龍
執行總主編 駱玉安
本 卷 主 編 郝 平
本卷執行主編 吴小倫

上海交通大學出版社
SHANGHAI JIAO TONG UNIVERSITY PRESS

明（二）

修[illegible]碑

古黎重修昭澤龍王碑記

夫神者造化之蹟顯而莫見[illegible]明而神者周流乎天地之間

乎六合之內其為德可謂盛矣[illegible]動有感必通雖無形無聲之

無體而自有彰昭之應古之人而奉神者盡其誠敬也推其神之教

之實蹟然竭忠而盡誠建廟而塑神洞洞乎其敬屬屬乎其誠洋洋

謹致祭本府僧儀者居郡西鄉隴阜從來賢士俟瓚可其興廢始[illegible]

意備工遂廣其垣廟廊門所碧玉輝煥朗朗在目有父二任致仕安宗

瓚捐己金資整嚴聖像妙覺奧寺平頭廟貌施采甫畢重一新之潔誠[illegible]

罷不獲應公[illegible]功於民廟于祀典至宋大觀宣和間兩錫茂恩職曰公

封至於[illegible]按禮經曰以勞定國除亂勤事則祀之能捍大患則祀之有[illegible]

民則祀之如公之術約束蛟龍禁伏邪媚以水救旱殄凶利民茲非勞定國

大患之功乎享鄉人之血食又何論焉余得傳[illegible]家爵致禱淺序事[illegible]

繫證謬[illegible]就本實庶不證后觀[illegible]云贊曰

巍巍聖[illegible] 帝代龍王 祖貫九郎 爵封大唐 時遇亢旱 禳工[illegible]

不過旬日 甘雨沱滂 祠禱上當 廟盈沁陽 七月五誠 [illegible]

兩郡察案 享福壽昌 黎民永賴 神安世香

昔大明正德六年歲次辛未孟夏上吉日立石

撰 篆 生員 侯勲

襄垣縣石匠 常[illegible]刊

黄河流域水利碑刻集成·山西卷 二

115. 古黎重修昭澤龍王碑銘記

立石年代：明正德六年（1511 年）

原石尺寸：高 107 厘米，寬 63 厘米

石存地點：長治市黎城縣上遥鎮上馬岩村

〔碑額〕：……修碑……

古黎重修昭澤龍王碑□

夫神者造化之迹顯而异見……明，而神者周流乎天地之間，□通乎六合之内，其爲德可謂盛矣。寂然不動，有感必通，雖無形無聲之可□□□無體，而自有昭彰之應，古之人而奉神者，乃盡其誠敬也。推其神之效□□□之實迹，然竭忠而盡誠，建廟而塑神，洞洞乎其敬，屬屬乎其誠，洋洋□□□。□謹致祭，率由舊儀者。居郡西鄉隴阜侯家庄賢士侯瓚，可其興廢始□，□□意傭工，遂廣其垣，廟廊門所碧玉輝焕，朗朗在目。有父二任致仕，安家□□□瓚，捐己金資，妝嚴聖像。妙覺奥寺。平頭廟貌施采甫畢，重一新之，潔誠□□□，靡不獲應。公生有功於民，廟于祀典，至宋大觀宣和間，兩錫茂恩，職曰公□□，封至於王矣。按《禮經》曰：以勞定國，除亂勤事則祀之，能捍大患則祀之，有□□民則祀之。如公之術，約束蛟龍，禁伏邪媚，止水救旱，殄寇利民。兹非勞定國□大患之功乎？享鄉人之血食，又何諂焉。余得傳於出家，辭致膚淺，序事□□，□繁證謬□就本實，庶不誣后觀者云。贊曰：

巍巍聖德，帝代龍王。祖貫九師，爵封大唐。時遇亢旱，禳工□□。不遇旬日，甘雨沱滂。祠遍上黨，廟盈沁陽。七月五誕，伶倫□□。兩郡寮寀，享福壽昌。黎民求賴，神安世香。

撰篆生員侯勳。

襄垣縣石匠常曉，男常恩刊。

時大明正德六年歲次辛未孟夏上吉日立石。

116. 重修浮濟廟記

立石年代：明正德七年（1512 年）
原石尺寸：高 152 厘米，寬 61 厘米
石存地點：吕梁市臨縣甘草溝村浮濟廟

〔碑額〕：重修浮濟廟記

重修浮濟廟記

邑之北距四十許里有山，……然聳□，旁有石窟，内恒流水……取之，自先古曰爲紫金山，□正□□上建崇應侯之祠。迄我皇明永樂乙亥，因其禱無不應，故封爲浮濟王，□建神祠，歷久歲月，不……裨葺。弘治癸丑，關中□令□□宇嘉靖，□□之初來謁於廟，觀其廢……讀郭瑜重□是祠，塑繪翬然，禱之者摩肩接踵，輒加靈感，默延國脉……然非嘉靖所致其能尔□？□治民事神，政之大者，躋□販者，□眩譽而自……御衆以承祭，抑不淪於慢□，而□民者幾希業。觀此山界於□晋，屹於□臨……五嶽鎮一邑謂云：山不在高，有仙則□。□山之高，而神又靈邪！嘉靖决□科，冠三……振鐸於濟寧，乃代賢才迭出，辟尹□□，□臨泉而民風丕變，加意民事，則……爲政之出於尋常之萬萬一也。顧不□□，故摭録之，垂耀罔既。

承事郎臨縣知縣於清，典史張□，訓術高阜，訓□郝登。僧會能寶老人郭世隆，里長張□、□世寧、郭世用，助工僧□□、壽□、□□。儒學教諭劉瓀，訓導李良相，義官郭睿、郭環，典膳郭世衡，生員郭準、郭鳳舟、郭繼、郭朝宰、郭朝祖，布政司吏郭鳳□。

大明正德七年歲次壬申九月吉旦，奉政大夫鎮江府同知杜槩撰，教□郭□□。

117. 重修三峻廟記

立石年代：明正德八年（1513年）
原石尺寸：高140厘米，寬65厘米
石存地點：長治市屯留區老爺山羿神廟

〔碑額〕：重修三峻廟記

重修三峻廟記

去縣西北三十五里許有山品列，三峰巍然，若地軸排空，秀拔高聳，上徹雲霄，峻而且奇，誠一方巨鎮之勝景。俗傳以爲羿射九烏之所，恐未然也。

粵稽誌記及詢故老，咸曰："亘古號稱三峻。"其山鼎立，中有神闕，累伐［代］修建不一。肇自國朝天順間，前後殿宇宏大，楼閣翬飛，兩廊整飾。怪石巉岩，上可以應星斗；异槐披拂，下可以避炎蒸。殆與東岱、西華同一脉耳！凡其興雲致雨，插劍列屏，皆山之靈應之所鍾，即所謂名山大川鎮奠一方，可尊可仰。自昔迄今，殆六十餘年，歲月深，風雨久，弗堪栖神萃靈。其善士徐代昶輩，糾合四處鄉人，伐木鑿石，捐財鳩工。故其塑像，以金以碧，以朱以赤，文采粲然；梁棟雕刻，垣墻完具，視昔有加。俾其堅者仍之，蠹者易之，傾者植之，頹者直之，缺者完之，卑者塏之，殘者新之。奂焉輪焉，森然之嚴肅，邃邃□□深遠，則神有所止，人有所仰，敬有所伸。國制以□秋時行祈報，縣以官而主祀，學以生而相禮。適友人王公崑、程公雲與其事，因徐代昶懇求勒石，□求不朽，請事爲記。予以神之感應捷於影響，匪直屯留然也。凡上黨一郡六邑，旱乾水溢，禱之□□皆然。况規制廣大，增飾精密，奂然維新，可謂知神之默佑斯民，其功不小，寧無述乎？於是乎爲記。

文林郎鄉進士知陝西鎮原事邑人郭釗撰。屯留縣儒學教諭古雍宋介校正。文林郎鄉進士知山東壽光縣事邑人張良弼篆額。山東東平州吏目邑人郭世芳書丹。

知縣張潡，縣丞武建，主簿張茂祖，典史左欽，儒學訓導王瑶、高岳，生員王崑、程雲，代書人楊杲，巡檢司吏馬良……城縣五贊山巡檢路麒，襄垣縣石匠常曉、侄男常梅誠鎸。

□□八年癸酉仲春吉旦。

118. 龍堂洄重修碑記

立石年代：明正德九年（1514 年）

原石尺寸：高 66 厘米，寬 42 厘米

石存地點：大同市靈丘縣獨峪鄉東莊村龍王廟

龍堂洄重修碑記

蓋聞一方龍王者，乃神中之袖領也。形居四海，體應萬方。德之巍峨，性之雄廩。变化□□澗之中，飛騰□□宙之内。興雲濟物，布雨利人。威威而力拔丘山，蕩蕩而□□巨海。衆生善惡，□意□知，所以哉影響之聖尔。滹川□以南，山名勃塔，地□□□，乃□神久住之鄉，是衆聖□□之所。東西南北，松影排成；春夏秋冬，亂花□□。泉□□箜篌之音，白雲□□□之内。景数極多，難可□矣。今有信士香公□王文□，祖貫馬邑縣人也，□□至此，睹其聖所，欲立其□，奈力虚爲，□聞空□聲曰："□漢朝建立，□唐□何乎，立碑石何如久哉？若氏所爲，吾可助矣。"□立云□，身挂鐵鈎，日惟一食，募化□村。□□求乃□戴紙盆香□，刻鏤神容，□立□石，悉□□□以此聖。因上酬□神大恩，下祈萬民樂業，雨順風□，時清□泰。十方信施壽□□長，法界□生深□□慧者矣。偈曰：

元造諸神位，推龍德最靈。□化天池起，飛翔海□騰。雷雨資驍首，風雲□□鱗。禹□三重□，商霖四海雄。海□騰千里，天門躍九重。雷霆□變化，風雨助□靈。作霖蘇亢旱，取水□滄溟。地迴藏雲氣，天清斷俗氛。一聲天外震，万物土中生。□觀千里外，身舉九霄□。威震群□嚮，□聞萬里□。神德難可盡，稽首表凡情。

香老：鍾□文、□□□、鍾景賢、鍾景玉、鍾景□、鍾景敖、鍾景……陳俊、王仲信、王仲寬、陳仲敖、陳仲玉、□□□同室□□□、杜憲同室人韓氏、胡景文、胡景才、胡景□、□□□□敬、胡仲成、胡友賢、戴景玉同室刘氏、戴景成、杜浩、外□□□□、韓□、韓□、戴景敖、胡氏次男玉儀、杜□、杜仲浩。禪庵寺長老：德振、德玉、德儀。大同客人：石瑄、石安。

鎮陽沙門真月焚香拜述。

大明正德九年歲在甲戌季春月中旬五日，發心立碑，香公王文海同□楊氏。

119. 重修藏山廟記

立石年代：明正德十年（1515年）
原石尺寸：高115厘米，寬82厘米
石存地點：陽泉市盂縣秀水鎮西關大王廟

重修藏山廟記

於戲！神之□德也，妙不可測，而其爲用也，造化無窮。故能生物而不害物，資人而不禍人。其□□人□□□□□□隙哉！否則弗得爲神矣。夫先王之制祭禮也，社稷有生養之功，則祭之以壇，□山林川谷，民所……與焉。然而，藏山之神禦灾捍患，保障斯民，有功於世最大，不在社稷山川、丘陵□□。□報□之□□□之□□□□而可以義起者也，豈庸俗淫祀之比哉！故自漢、唐、宋、元以來，邑人咸以祀藏山之神爲事，故曰……於昔焉。以至邑宰謁見之禮，祭祀之儀，不在他神之右，其禮故不重耶。藏山古迹，去縣比四十里，□□□不□人，友人程公藏遺孤之處也。此特其行□耳。而其事之始末，□處之由，宏儒碩士大手筆者已勒之於石。□□□□□祠在縣治之西，閱歲滋大，敝壞莫支，甚非所以貌神而禮事之耳。其邑人崔秀見廟如是，約諸鄉耆□文□，□□□祠不飾，曷以謁虔妥靈，以資保障？遂注意修復。謀□鄉之士夫，請於邑宰侯君義、貳尹何君琛、判□段君隆、□□宫，□請同寅劉公弼、高公岳，得允其計，即捐資爲倡，衆亦樂□。於是市材鳩工，□舊易新，前殿後殿□□焕□□輝焉□焉，宛然一神宇耳！凡人祈禳報賽者，有所依歸焉。經始於正德乙亥四月一日，落成於本年八月八日。□□以示久遠。予惟神之於天下，猶水之於地中也。神惟無乎不在，故人亦無乎不敬。矧藏山之神，其神至靈□□□□非爲斯民計也，廢而不修，是其可乎？崔秀、郭文等勞心殫慮，積累數月，作新行祠，明足以□盂民報賽之□□□□正神，視彼感於异□，淫祀者不侔矣。予固不辭而徑爲之記。若夫助義者之氏名，亦具□於碑陰云。

太原府盂縣儒學教諭清苑張璧撰文，訓導古青劉弼書丹，訓導元城高岳篆額。

盂縣知縣□義，縣丞何琛，主簿段隆，典史劉玹，僧會司護印僧開崇。部椽：段瑛、郭良輔、楊錦、王琳、劉維、程鎰、張宗善、□□。縣椽：李岱、李朋、馬唐、高琦、賀崇仁、□莫、趙文寬、刑奎。致政官：栗經、劉睿、李珂、張宗義、高岱、王贊、張□、李劍、□文。國子生：高厚、田敏、張寶、張宗礼、程倫、王添福。儒林生：閻□之、□孔昭、史臣、張鶴、劉興善、楊琳、閆忠仁、李秀。忠義官：王伯勝、吴□□、趙廣、王現、武文慶。壽官：張□世、田余、□□□、王□□、□□□。省祭官：梁才、侯繼祖、田敬、□洪、李璞、武文、張璡、陳恕、楊萬、武□□。

糾首信士：郭文，鄭華，閆震，楊重寶，温敬，楊永昌，王相，崔盈，賀忠，李瑁，于約，劉道，李貴，石玘，張琮，崔秀、男崔章。

本縣石匠：趙希賢、趙希□刊。木匠：楊仲表、趙存、侯璽。□匠：周吉。瓦匠：尹□、尹玹。油匠：張□仁。畫匠：彭的水、張景玉。鐵匠：褚寧、趙□□。

正德十年歲次乙亥中秋月八日壬戌日，生員張誥書。

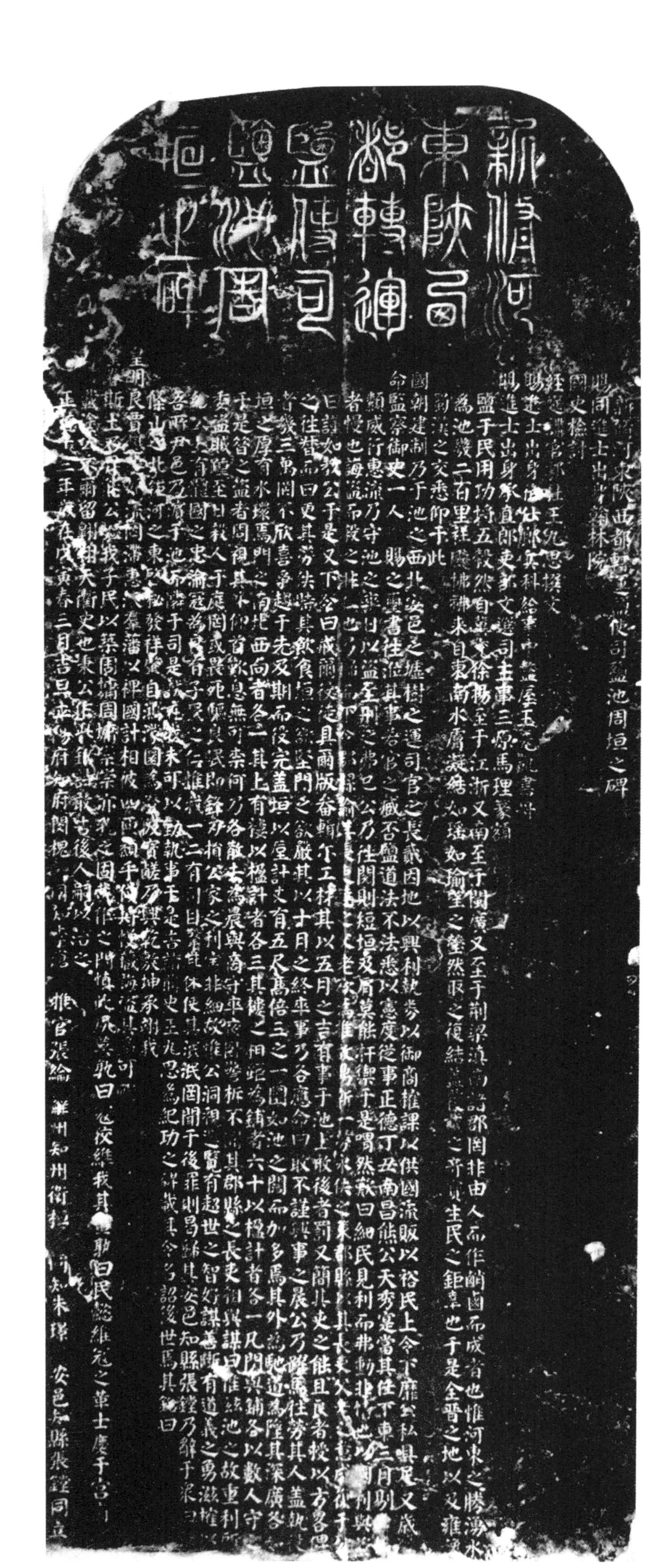

120. 新修河東陜西都轉運鹽使司鹽池周垣之碑

立石年代：明正德十三年（1518 年）

原石尺寸：高 210 厘米，寬 82 厘米

石存地點：運城市鹽湖區鹽池神廟

〔碑額〕：新修河東陜西都轉運鹽使司鹽池周垣之碑

新修河東陜西都轉運鹽使司鹽池周垣之碑

鹽于民用，功埒五穀。然自冀、兖、徐、揚至于江浙，又南至于閩、廣，又至于荆、梁、滇南諸郡，罔非由人而作，鹺鹵而成者也。惟河東之勝，涌水爲池，幾二百里。祥飆拂拂，來自東南，水膚凝結，如瑶如瑜，望之瑩然，取之復結。盖覆載之奇寶，生民之巨幸也。于是全晋之地以及雍、豫、蜀漢之交，悉仰于此。國朝建制，乃于池之西北安邑之墟，樹之運司，官之長貳。因地以興利，執券以御商，榷課以供國，流販以裕民。上令下靡，公私具足。又歲命監察御史一人，賜之璽書，往莅其事。若官之臧否，鹽道法不法，悉以憲度從事。正德丁丑，南昌熊公天秀實當其任。下車三月，剔□□類，威行惠流。乃守池之卒，日以盗至，刑之弗已。公乃往閲，則短垣及肩，莫能捍禦。于是喟然嘆曰："細民見利而弗動，非情也；以國利與盗者，慢也；誨盗而殺之，非仁也。"□歸而下令郡縣，諭其長吏，達之父老，欲爲推故鼎新、一勞永佚之策。郡縣以其長吏父老之意咸復于公，曰："謹如教。"公于是又下令曰："戒爾役徒，具爾版畚，輯爾工材，其以五月之吉有事于池上，敢後者罰。"又簡其吏之能且良者，授以方略，俾之往督而曰："更其勞佚，時其飲食，垣之欲堅，門之欲嚴，其以十月之終卒事。"乃各應命，曰："敢不謹。"興事之晨，公乃躍馬往勞其人。盖執役者幾三萬，罔不欣喜争趨于先，及期而役完。盖垣以扊計丈有五尺，高倍三之一，圜如池之闊而加多焉。其外爲馳道，爲隍，其深廣各如垣之厚，有水環焉。門之南北西向者各一，其上有樓，以楹計者各三。其樓之相距爲鋪者六十，以楹計者各一。凡門與鋪，各以數人守之。于是，昔之盗者周視其外，仰首嘆息，無可奈何，乃各散去，爲農與商。守卒夜卧，警柝不□。其郡縣之長吏相與謀曰："惟兹池之故，重利所委，盗賊踵至，日殺人于庭，罔或畏死。驅良氓即鋒刃，損公家之利，害非細故。惟公洞視遐覽，有超世之智；好謀善斷，有道義之勇。滋榷以□公，上有體國之忠，渝寇爲良，有子民之仁。惟我一二有司目擊其休，使其泯泯罔聞于後，罪則曷歸？"其安邑知縣張鏜乃辭于衆曰："□吾所尹邑，乃濱于池而鄰于司，是□在我未可以勤執事。"于是告諸前史王九思，爲紀功之碑，載其令名，詔後世焉。其銘曰：

條山之北，巨河之東，啓秘發祥，肇自鴻濛。圜爲澄陂，寶鹺乃興，乾敷坤承，翊我皇明。

良賈□□，如流罔滯，惠□群藩，以裨國計。相彼四匝，頽乎□□，慢藏誨盗，其□可□。

皇眷斯土，乃升□公，□我子民，以築周墉。周墉崇崇，亦孔之固，載作之門，慎此夙莫。

孰曰寇狡，維我其□，孰曰民懿，維寇之革。士慶于宫，□歌載□，公不爾留，翱翔天衢。

史也秉公，作此□詩，敢告後人，嗣以治之。

賜同進士出身翰林院國史檢討經筵講官□□王九思撰文，賜進士出身□仕郎兵科給事中□屋王元凱書丹，賜進士出身承直郎吏部文選司主事三原馬理篆額。

平陽府知府閔槐、同知李滄、推官張綸，解州知州衛桓、同知朱璟、安邑知縣張鏜同立。

正德十三年歲在戊寅春三月吉旦。

121. 創建惠遠橋記

立石年代：明嘉靖元年（1522年）
原石尺寸：高165厘米，寬78厘米
石存地點：臨汾市襄汾縣汾城鎮文廟碑林

〔碑額〕：惠遠橋記

創建惠遠橋記

太平邑□坤隅五里許，古有一村落曰定興。其村落後有一溝澗，東西横亘，深逾百泉，下有泉流，潺湲不息。南北兩涯，陡峻峭拔，嘗爲小橋以通行者。上接隰吉等郡，下連沃絳等邑，往來絡繹，亦要津□。每值夏秋，淋雨滂沱，行潦泛漲。迨夫□冬，浸地湮水，凍釋塗泥，雖有小橋，隨修隨圮。凡車輿者濡軌濕輪，乘騎者傾鞍陷蹄，徒行者亦褰裳污履，苦楚艱□，憂患不堪。本村耆老李鑰、西村義士李時乃相謂曰：君子以陰騭爲尚，陰騭以橋梁爲先。與其捨財利施惠於一時，孰若建橋，橋梁遺愛於永久耶？然猶恐其傷財害民，謚請邑侯，然後行事。遂糾合衆社人等及邑中士庶，富者捐金，貧者戮［勠］力，鳩工聚材，運石鎔鐵，費銀約勾二百餘兩。一時之人向善慕義，趨事起工者子來，饋餉饗餐者沓至。半載之間，奄然就緒，巉岩竦立，焕然維新。計其高一丈八尺，長三丈三尺。橋之前後仍築土階，延袤兩崖。俾過者若履坦途，略無阻滯。咸喜慶曰："營建是橋，可謂惠及於人，澤被後世，名之曰'惠遠'，信不誣歟。"厥功肇興於正德十六年孟冬，告成於嘉靖元年季春也。二公以橋梁既成，事宜有記，遂謁余爲文。余實不能文，且喜其仗義疏財，不病涉乃王政之一事，誠仁人君子之用心也，姑述其始末作記以復。嗚呼！天地以生物爲心，君子以濟人爲德。《易》曰：積善之家，必有餘慶。《書》曰：作善降之百祥。以一時之事，功垂百世之利益，仁惠之施，陰德之報，豈可量乎？宜勒諸石，善其善，以爲世人勸云。

前郊邑主簿林泉散人趙綸撰文，太學生馬明篆額，本邑道會司賈通古書丹。

河津縣石匠：薛朝、賀表、薛武、薛廷甫。

本縣石匠李信、李滿、李瓚、牛得山刊。善友：張雲。

大明嘉靖元年歲次壬午孟秋望日□□□□立石。

重修五龍王聖母殿碑記

鄉貢進士致仕知縣張良輔撰

本縣陰陽學陰陽生王公相書

雙鳳山距縣治一舍許，曰雙鳳朝陽，乃縣誌八景之一也。山之巔有龍王聖母殿一所，靈應鮮比。其近疃若東光、下周、西長、范村各建龍殿，為雙鳳之行祠。俗以為鳳山殿為之母，而四村龍神乃其子焉，蓋亦流傳之幻說也。鄉民於歲時值水旱蝗蝻，恭修香楮以祭禱之，無不立應者。又每于歲亥月之朔，各村輪流賽會，因啟有怠忽之者焉。東光村舊有龍殿三間，莫考其建置之由，經歷歲久，日就頹圮，簷楹塑像每為上雨旁風之所摧剥。以故本村神祿糾首王公相等以為殿之弗潔，神將焉妥？乃於嘉靖元年夏初，各發虔心，募諸鄉民之向義者，量出貲帛，乃鳩匠掄材，木土之工並手偕作，頹者起之，墜者補之，飾其像，繢其壁，繚以周垣，甃以石砌，塈丹雘，煥然一更其新。實興工於壬午之首夏，訖功於是年之冬初。仍從僉議，乃礱石記始末，以垂永久。噫！古人云：鬼神不歆非類。又曰：淫祀無福。若龍王神之能興雲致雨，飛潛大小，叵測變態，固非若昔時之名賢悍將之匡時禦侮，而享世世之血食者比。其神功聖德，足以禦人之災，捍人之患，而有益於生民者夥矣。神依乎人，人賴乎神，則夫祀之者不為淫，而歆之者亦匪為非類之云也。銘曰：

雙鳳之山，層巒突兀。龍母之祠，建于山麓。簷楹高搆，鳥翬翬飛。神棲其中，金碧交輝。村曰東光，昔建龍祠。歲久摧剥，徑存故基。鄉民耆德，協心向義。撤舊為新，巍然鮮麗。維神降靈，吾民起敬。水旱災蝗，祈無不應。覬我尊靈，雨暘弗僭。佑護吾民，於萬萬年。

知壽陽高臣

縣丞李叢

典史楊鸞

主簿劉鉞

康熙三十三年二月十九日王之奇施在龍王廟西邊家園地三畝原良四畝鉄

基宅地上下二塊大磨上下盤二付記 五

筆匠人趙廷珮　王志昊

墨匠人張文秀　男張徙

神祿糾首王公相　賈子昂　尚公秀

住持僧人國真

大明嘉靖元年歲次壬午冬十月上澣吉旦立石

122. 重修五龍王聖母殿碑記

立石年代：明嘉靖元年（1522 年）
原石尺寸：高 120 厘米，寬 65 厘米
石存地點：晋中市壽陽縣宗艾鎮東光村

重修五龍王聖母殿碑記

雙鳳山詎［距］縣治一舍許，曰雙鳳朝陽，乃縣誌八景之一也。山之巔有龍王聖母殿一所，靈應鮮比。其近疃若東光、下周、西長、范村，各建龍殿，爲雙鳳之行祠。俗以爲鳳山殿爲之母，而四村龍神乃其子焉。盖亦流傳之幻説也。鄉民於歲時值水旱蝗蝻恭修香楮，以祭禱之，無不立應者。又每于歲亥月之朔，各村輪流賽會，罔敢有怠忽之者焉。東光村舊有龍殿三間，莫考其建置之由，經歷歲久，日就頽圮，檐楹塑像每爲上雨旁風之所摧剥。以故本村神禄糾首王公相等，以爲殿之弗潔，神將焉妥？乃於嘉靖元年夏初，各發虔心，募諸鄉民之向義者，量出資帛，乃召匠掄材，木土之工并手偕作。頽者起之，墜者補之。飭其像，繪其壁，繚以周垣，甃以石戺，黝堊丹臒，焕然一更其新。實興工於壬午之首夏，訖功於是年之冬初。仍從僉議，乃礱石記始末，以垂永久。噫！古人云，鬼神不歆非類，又曰淫祀無福。若龍王神之能興雲致雨，飛潛大小叵測變態，固非若昔時之名賢悍將之匡時禦侮，而享世世之血食者，比其神功聖德，足以禦人之灾，捍人之患，而有益於生民者夥矣。神依乎人，人賴乎神，則夫祀之者，不爲淫而歆之者，亦匪爲非類之云也。銘曰：

隻鳳之山，層巒突兀。龍母之祠，建于山麓。
檐楹高構，鳥翼翬飛。神栖其中，金碧交輝。
村曰東光，昔建龍祠。歲久摧剥，徑存故基。
鄉民耆德，協心向義。撤舊爲新，巍然鮮麗。
維神降靈，吾民起敬。水旱灾蝗，祈無不應。
覬我尊靈，雨暘弗僭。佑護吾民，於萬萬年。
鄉貢進士致仕知縣張良輔撰，本縣陰陽學陰陽生王公相書。
知壽陽高臣、縣丞李叢、主簿刘鉞、典史楊鸞。
鐵筆匠人：趙廷弼、王志旻。
五墨匠人：張文秀、男張徑。
神禄糾首：王公相、賈子昂、尚公秀。
住持僧人：圓真。
大明嘉靖元年歲次壬午冬十月上浣吉旦立石。

〔注〕：本碑左中處有題記一則，文曰："康熙三十三年二月十九，王之亨施左龍王廟賈家圍地三畝、原良［粮］四升、屋宅地上下二塊、大磨小磨二付記。"據此題記内容及鐵笔痕迹判斷，清康熙三十三年（1694 年），有善士施田宅等物與龍王廟，并將題記補刻于本碑之上。

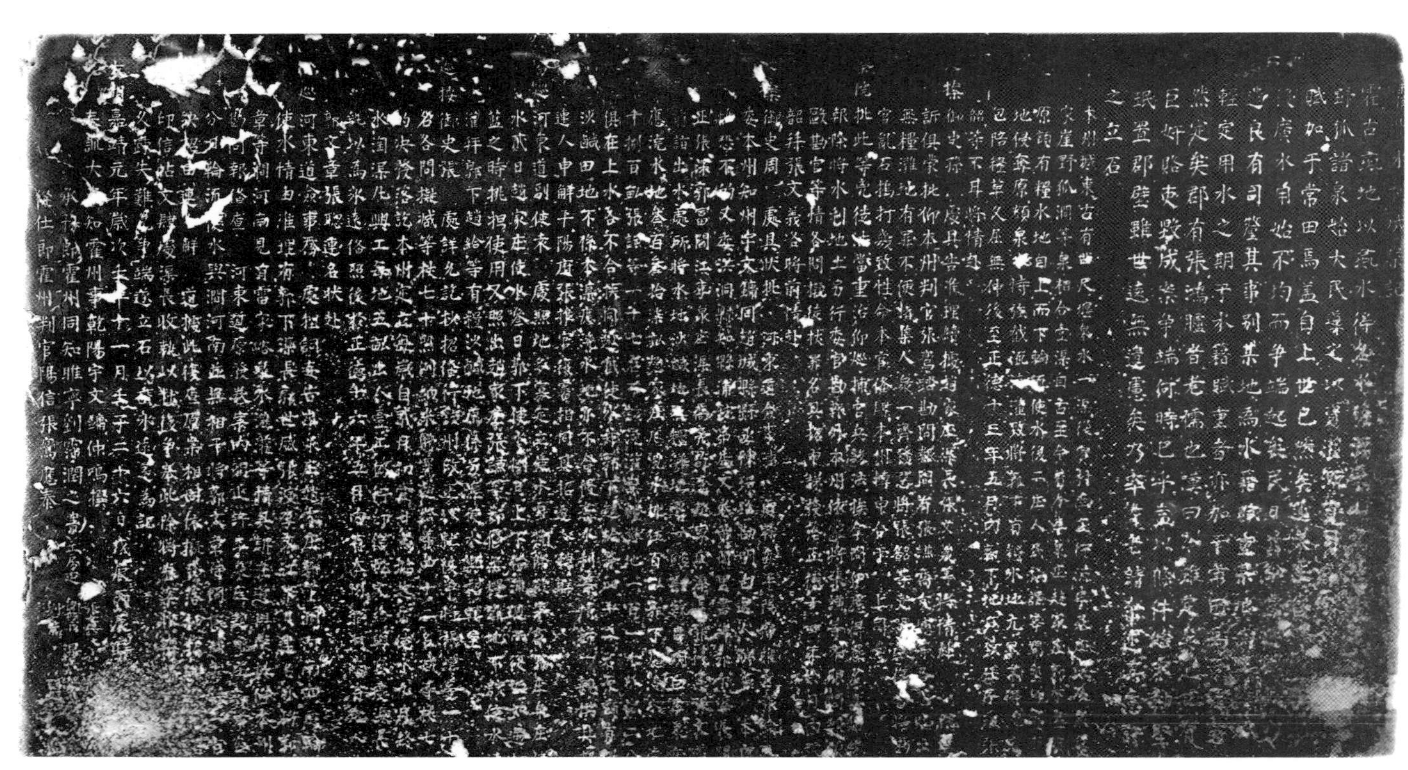

123. 霍州水利成案記

立石年代：明嘉靖元年（1522 年）
原石尺寸：高 76 厘米，寬 153 厘米
石存地點：臨汾市霍州市霍州署

霍州水利成案記

霍古彘地，以彘水得名。水發□□山……野狐諸泉始大，民導之以資灌溉……賦加于常田焉，蓋自上世已然矣。……浸廣，水用始不均，而争端起矣。民日嚣訟□□□□□遣良有司厘其事，別某地爲水籍賦重，某地□□□□輕，定用水之期，于水籍賦重者亦加于常田□□□□然定矣。郡有張鴻臚者，老儒也，嘆曰："今雖定矣，□□有巨奸賂吏，毁成案，争端何時已乎。盍以條件始末，勒堅珉，置郡壁，雖世遠無遺慮矣。"乃率耆老請余述其意，許之立石。

本州城東，古有曲尺堰泉水一渠，從賈村、南庄，行流李泉庄□□泉、岳家崖野狐澗等泉，相合壹渠。自古至今，着令李泉庄、趙家庄、郭下叁處，原額有糧水地，自上而下輪流使水。後二庄人民張謙等開墾無糧灘地，侵奪原額泉水，恃强截流□灌，致將郭下有糧水地亢旱，不得澆灌，包陪糧草，久屈無伸。後至正德十三年五月内，郭下地户□任序□、張韶等，不日將情赴□按御史孫處具告，准理。續據趙家庄渠長張文□等，將情赴院□訴，俱蒙批，仰本州判官張鸞踏勘問報。間有張謙、喬友德等，各恐□出無糧灘地，有罪不便，構集人衆一齊發惡，將張韶等凶器致傷，當將勘官亂石搗打，幾致性命。本官備牒，本州轉申，合于上司。蒙察院批："此等凶徒，法當重治。仰巡捕官兵設法挨拿，問伊應得□□，□□□報。"除將水利地土另行委官勘報外，本州依蒙將張謙等不服問報、□毆勘官等情各問擬徒杖，罪名具招，申詳發落。

正德十四年六月内，張韶并張文義，各將前情赴□案御史周處具狀，批河東道僉事潘處，轉委平陽□推官張綸，又委本州知州宇文鏞同趙城縣縣丞陳璟踏勘明白，連人解番。本府惟恐不的，又委洪洞縣知縣浦□吊查文卷黄册里書□。郭下渠長閻正、張深、郭富、閻江，李泉庄渠長喬亮、荀逵，趙家庄渠長張復憲、張文□，前詣出水處所，將水地、沙鹹地、無糧灘地，□一踏勘，數目明白。李泉庄應澆水地叁百叁拾柒畝，趙家庄應澆水地伍百畝，郭下應澆水地壹千捌百畝。張謙等一十七名不該澆灌□糧灘地一百一十八畝二□，俱在上水，各不合扶同邀截使水，并郭下趙給等四十二名原□有□沙鹹田地，不係本渠應澆水地，亦不合侵奪水利等情歸一。親供具□。連人申解平陽府，張推官復審相同。具招。□人轉□分巡河東道副使袁處，照地多寡，定立使水日□，除飲水□□，李泉庄□水貳日，趙家庄使水叁日，郭下使水捌日。上下輪流，周而復□，如遇□藍之時挑担使用。又照出趙家庄張謙等□□無糧灘地，不該使水□灌，并郭下趙給等有糧沙鹹地，原係另渠使水。具招。轉呈巡按御史張處詳允訖。抄招備行該州改正，以杜後争。將張□等一十□名各問，擬減等杖七十，照例納米□罪；趙給等四十二名，減等杖七□，□决發落訖。本州定立：每歲自貳月初壹日爲始起番使水，九月終□水淘渠。凡興工，每地五畝出人壹工仍行印信帖文，給與數處渠長□執，以爲永遠備照。

後於正德十六年五月内，有本州澗河□有地人□郭文章、張聰，連名狀赴□巡河東道僉事喬處，捏詞妄告李泉庄、趙家庄、郭下澗、河南四處輪□使水情由。准理。有郭下渠長郭世威、張演、

李文江，不日連名，亦將郭□章等澗河南見有雷家峪泉水澆灌等情具訴在道。□蒙批，仰本州□勘問報。備查河東道原發卷案内開，止許李泉庄、趙家庄、郭下□□分日輪流□水，與澗河南并無相干。將郭文章□問□□等□一百，□决招由，連人解道。據此，復查原案相同，依擬發落……印信帖文，肆處渠長收執，以杜後争。奉此，除將卷案收……久疏失，難免争端，遂立石以垂永遠。是爲記。

奉訓大□知霍州事乾陽宇文鏞仲鳴撰，承務郎霍州同知睢寧劉霈潤之書，從仕郎霍州判官陽信張鸞應泰。

工房吏：張文興、衛世義、劉文宗。

渠長……

大明嘉靖元年歲次壬午十一月壬子二十六日戊辰丙辰時。

《霍州水利成案記》拓片局部

龍王

124. 龍王廟石匾

立石年代：明嘉靖三年（1524年）
原石尺寸：高25厘米，寬38厘米
石存地點：朔州市平魯區下木角鄉下木角村

龍王□
嘉靖三年四月吉日立。

125. 登觀河亭記

立石年代：明嘉靖三年（1524 年）
原石尺寸：高 55 厘米，寬 89 厘米
石存地點：運城市垣曲縣博物館

垣曲縣閻城
連絡萬□嶺孤城，勝概繁黛□峰對。
回磧石水過門，虞舜耕山在商湯。
都邑有□□□□，古意獨立向黄昏。

登觀河亭
西風邀□□亭□□□□攀□發昆侖，□□□碧□間，禹功□□載葛寨，奇□山此□□形勝排徊□未□。
嘉靖三年仲冬。

常增藏山神祠之記

126. 崇增藏山神祠之記

立石年代：明嘉靖四年（1525 年）

原石尺寸：高 155 厘米，寬 80 厘米

石存地點：陽泉市盂縣萇池鎮藏山祠

崇增藏山神祠之記

蓋聞天開地闢，一氣所分太極，陰陽既判，肇立三才，有鬼神之道。按誌：山西晉陽郡東北有盂縣，正北四十里許古神泉東谷有山曰藏山。其山茂林深邃，巍峨……巨澗，瀑水彌漫；右涌連泉，波濤寒碧；南山掩應，嶺徹長川；北靠翠□，神洞幽显；中建神祠，即大王晦迹之所。按《史記》：趙氏先人世家本與秦同姓，祖於蜚廉氏，有子□□，其後有造父者事周穆王，以功封趙城，是爲趙氏。春秋有趙夙者事晉公，夙生成子衰，衰生宣子盾，盾生朔，爲大夫。屠岸賈滅朔之族。朔娶成公之姊，有遺腹，生子武，賈索之不□。朔有客曰程嬰、公孫杵臼，相與謀曰："立孤與死孰難？"嬰曰："死易，立孤難耳。"杵臼曰："子爲其難，吾爲其易。"取它嬰兒僞以爲真。嬰出，謬曰："誰人與我千金，吾告趙氏孤處。"賈喜，乃使□將隨嬰殺杵臼□孤兒，其真孤反在程嬰家，後隱于斯養鋭成識，居十五年。時景公得疾，令人占卜之，曰："趙氏先人作患。"公問韓厥："趙氏尚有子孫乎？"韓厥實告。於是景公召程嬰及□，□滅岸賈之□，立趙武成人，謚曰文子，賜其田邑，封柄襄城。嬰自殺，下報趙宣孟、杵臼，武縗制三年已。《傳》云：後梅軍作亂遘禍，連年攻戰，聖者之敗離古襄城以東。山不通路，聖者神□，斬軍□道，□石開山，夜修團城，遁走藏山舊所。入洞隱藏，壘石環堵，灌穿彌縫而合，立化而卒。臨終嘆曰："痛悼杵□，悲念程嬰，生死難忘。弥明韓厥、靈輒鉏麑，然而先賢爲我而死。"《□秋左氏傳》云：聖壽享年四十有九。生子趙景叔，生簡子，生襄子，滅智伯，立献子，生烈侯籍，以周威烈王爲侯，歷武公、敬侯、成侯，至肅侯子爲武靈王，傅子惠文王、成王、悼襄王、幽□王、□□王，秦□皇收趙因爲郡。趙自烈侯受命至嘉王，凡十二世，建都邯鄲。於戲！趙氏先君積累陰功，上受天命，下應人心，列祖相承，永保子孫，歷代王臣，靡不興嗟。苟當時忠義鮮缺，先賢□肯殺身弃子乎？豈得子孫之興乎？豈有今日之事乎？且大宋纂修經史，迨至紹興十一年歲在辛酉八月，高宗南渡，立祚德廟祀晉趙武及程嬰、杵臼、韓厥。河東神主封王□，文子曰藏山大王；封侯爵，公孫杵臼曰成信侯、程嬰曰忠智侯，以祀之。

今我大明國朝龍集天位，華夏一統以來，聖者扶祐，雨暘時若，五穀豐登，萬民樂業。兹以成化二十年歲在甲辰，奉敕欽差太監高諒、巡按山西監察御史陳英、山西等處承宣布政使司右參政張□、本縣提調官史聰，合属僚宰重修臺殿，已完。不日，霖雨大作，山水汪洋，摧折塌毁，梁楝傾頽，連綿修理，不能成功。迄弘治十七祀甲子炎陽之際，耕種農時，陰伏陽愆，旱魃爲虐，稼穡枯焦，草木林藪不能敷榮發長，士賈商農咸無□禱。特奉晉王命令祈禱雨澤，治世安民。官庶人等齋沐身心，謁于聖所，虔誠懇禱，乞賜甘霖。偶滴一□之水，沛然滂沱，溥滋渴仰，官得其所，民得其安。既蒙惠渥，廟可旋修，差内官□安等賫旨赴祠懸挂。兹而三村父老本縣狀知：邑宰張帖，准居民糾首□舉德行相應、堪膺提挈者理之。是以衆等□請到本府陽曲縣楊興，第三都賈莊

上院火場洪聖寺，係晋寧化北老三府家佛堂。□山僧法諱普道，雅號無極，韶年脱俗，穎悟過人，無纖毫利己之心，有移□奪壑之量，實乃僧中翹楚也。本縣付帖，擇期破土，官祝興工，委公率匠夫人等，揣度基址，不憚其勞，不□其苦，接踵磨肩，有跋扈之志。南山之下鑿石開渠，派水順流亦無阻礙，選石扶溝三丈餘深；玄崖砌磊磴石梯雲，如磐石之固；南殿一區三楹，神馬二匹；朱門兩壁，鵰獸蟠龍；偬聖□□繪塑三界之神像，黝堊丹臒，刑判岸買之權臣；中殿一所，内塑威靈，壁繪形圖，乃聖者之根源也。吁！公之巧惠，智識過人。岩穴崆峒，栅立楯□柱楚，通達僧舍厨房，樓閣森嚴，上接□霄；殿宇巍峨，通徹雲漢；廊廡周阿，一盖整新。鐘鼓齊鳴，岩壑□□，爲萬代之規模也。一日，公詣予曰："藏山神祠勝事成矣，行狀以爲文。"予諾曰："藏山乃仇猶第一之境也，若不立石，無以□前後之功焉，若不刻銘，無以見維那捨財之功德。凡人爲事者有始有終。愚僧居山不能進其高，□水不能進其深，其博古通今未能知也，先聖先賢之道，未能陳於至極之處，偶采珉玘，其知一二，姑述爲記。"

龍居寺受具足大戒沙門守緣謹撰，五臺山佛光寺下襄邑高長洪福院住山守戒沙門廣潮篆額，廣秀書丹。

欽差太監刘允，司設監太監王淳，申義王府奉御官雲春，晋府典□□張喜，晋寧化北老三□内使任安、杜名，大夫、吏部尚書喬宇。本縣知縣：張鳳霄、王□，□顔、侯義。縣丞：魯縉、何琛、姚溥、刘縉。百户邢文廣，主簿段隆，學官晚翠。致仕官：高岱、張讓。典史：智禎、刘玹、趙繼。僧會司：開春、開賓。監生生員：閆崇之、張縉英、李鸞、郭□、吕宗、魏英、李釗、李珂、魏憲、魏閔。縣吏：邢敬、尹朝宗、尹遠、張誥、李志通、閆中仁。省祭：尹奉、刘公仁、刘公玉、張杰。烏玉村省祭官：黃宣、趙鎧、趙銅。

三村糾首人衆：

神泉村：邢俊、張玉民、王子成、刘□、趙賢、王澤、王廣、邢文□、王□、王成萬、尹子林、王余、尹□、尹宗的、王寬、王太、王大本、張□□、□□□。

萇池村：侯文整、侯文會、逯景厚、侯文賢、王夆、王興、刘宗、李□□、王的、刘福玘、張廷甫、侯文忠、王伯勝、張□在、韓愷、尹文□、刘榮、王寬。

興道村：刘大倉、刘會、刘大廒、趙原、趙文昇、王譚、刘夆、韓明、張宗名、張玘、刘常、劉道寺。

烏砂村信官：張朝傑、男生員張□。

（以下碑文漫漶不清，略而不録）

大明嘉靖四年歲在旃蒙作噩夷則中元日提領修造僧無極、普道立石。

《崇增藏山神祠之記》拓片局部

兩崖雲起澗西東，廟貌長存萬古風。仙國遺址秋[illegible]
紅塵孫事重，功何偉，食報恩深不空。兄有異靈[illegible]歲歲[illegible]高千古[illegible]
遙訪名山晉郡東，我來非是爲觀風。靈屏半展雲峰[illegible]
巖畔洞深皆匝地，林間磴遠徹盤空。當時忠義偎陳迹，感慨[illegible]
性石何年自海東，[illegible]巖一竅接天風。雲開[illegible]光垂白日射[illegible]
昔仙[illegible]誰施神斧鑿高空。藏山龍洞稱三晉，合道[illegible]
右三詩藏山、藏二龍洞一階，洪高長守仰之韻，僭善道清勒于石[illegible]
書之道持奉茲山有年，嘗增修廟剎嚴堂門，歷煥然觀，昔時加修麗[illegible]
嘉靖五年歲在丙戌秋九月廿有五日[illegible]
光祿大夫柱國少保兼太子太保吏部尚書致仕白巖喬宇[illegible]

127-1. 藏山靈境詩碑（碑陽）

立石年代：明嘉靖五年（1526 年）

原石尺寸：高 240 厘米，寬 85 厘米

石存地點：陽泉市盂縣萇池鎮藏山祠

兩崖雲起澗西東，廟貌長存烈士風。仇國遺墟秋草碧，晋山□□□□紅。

存孤事重功何偉，食報恩深祀不空。况有英靈彰歲禱，高名千古□□□。

遥訪名山晋鄙東，我來非是爲觀風。雲屏半展雪峰翠，石鼎□□□□□。

岩畔洞深苔匝地，林間磴遠樹盤空。當時忠義俱陳迹，感慨都歸□□中。

怪石何年自海東，巉□一竅敞天風。雲開□□光垂白，日射珊□□□□。

□借仙瓢□□□，誰施神斧鑿高空。藏山龍洞稱三晋，合遣名題□□□。

右三詩，藏山廟二、龍洞一，皆次高太守仰之韵。僧普道請勒于石，□爲書之。道持奉兹山有年，嘗增修廟制，殿堂門廡焕然，視昔時加侈麗云。

光禄大夫柱國少保兼太子太保吏部尚書致仕白巖喬宇希大□□。

嘉靖五年歲在丙戌秋九月廿有五日。

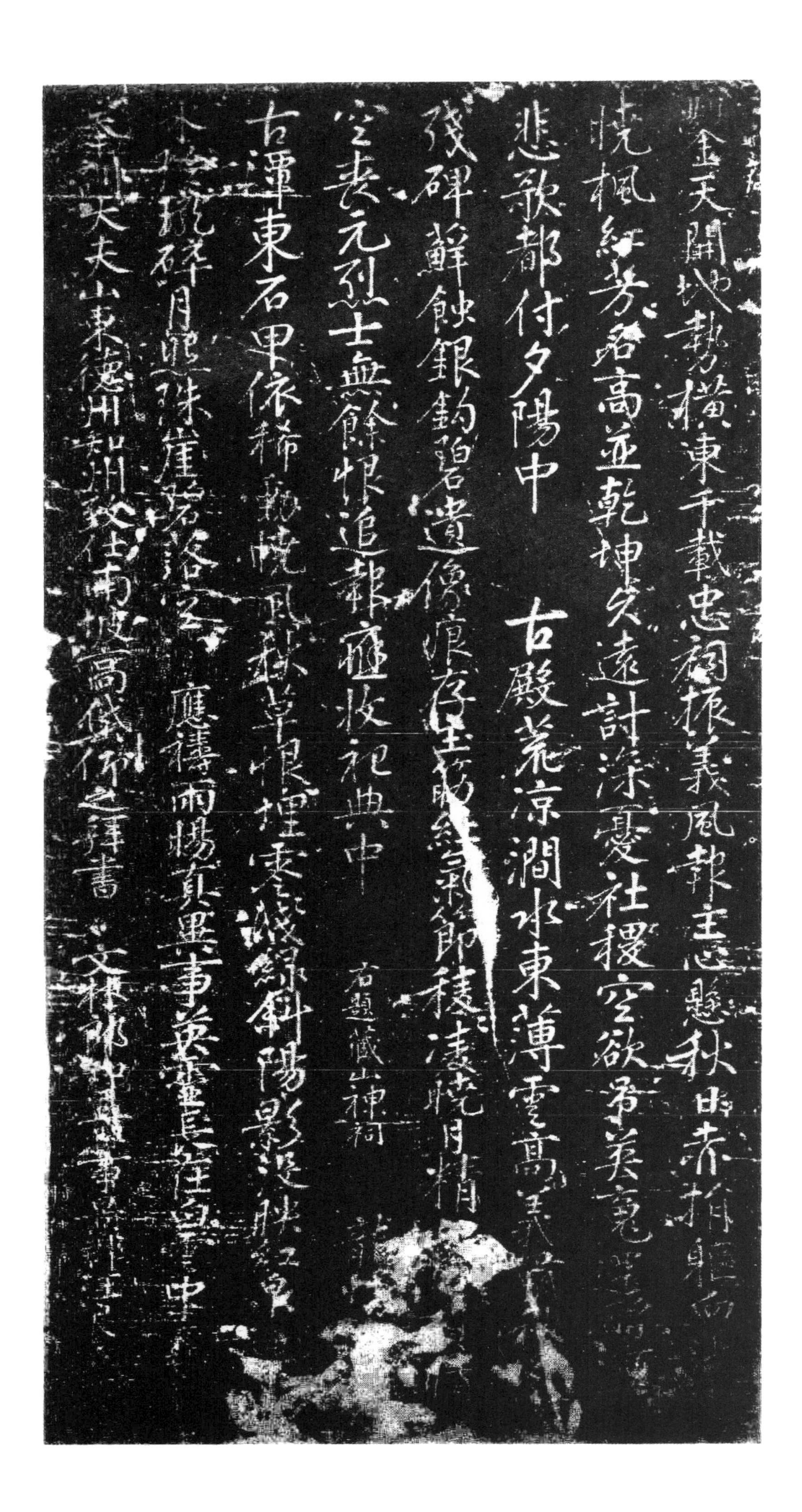

127-2. 藏山靈境詩碑（碑陰）

立石年代：明嘉靖五年（1526 年）
原石尺寸：高 47 厘米，寬 85 厘米
石存地點：陽泉市盂縣萇池鎮藏山祠

鑿天開地勢横東，千載忠祠振義風。報主心懸秋日赤，捐軀血□曉楓紅。
芳名高并乾坤久，遠計深憂社稷空。欲吊英魂還酹□，悲歌都付夕陽中。
古殿荒凉澗水東，薄雲高義肅□□。殘碑蘚蝕銀鈎碧，遺像痕存玉筋紅。
氣節棱棱凌曉月，精□□□□□空。喪元烈士無餘恨，追報應收祀典中。
右題藏山神祠
龍□□□古潭東，石甲依稀動曉風。秋草恨埋零淺緑，斜陽影没映紅。
泉□□水玲瓏碎，月照珠崖碧落空。應禱雨暘真异事，英靈長在白□中。
奉訓大夫山東德州知州致仕南坡高岱仰之拜書，文林郎……

平陽府重修平水泉上官河記

賜進士及第平陽府解州判官前翰林院修撰高陵呂柟撰并篆　關西种雲漢書

平水上官河泉出府西南三十里平山之下平山者莊周所謂藐姑射山也平水之源為金龍池池上為龍祠祠西南近條山數泉皆入平水又東二百步為平水神祠祠前為清音亭東過清音寺之後為雲津橋而平水分流俗所謂十二官河以溉臨汾襄陵之田者也蓋自是第一流為上官河以至劉村鎮東河三十六村為田二萬餘畝皆資焉然自張家橋東過石曹澗至於趙半溝其南支流為上中河而居民新開餘水之處則在其北焉又其東為席坊橋其北則受小石橋之平水席坊澗之山水水多泥淤砂礫上官河遂不復東行而南入上中河矣於是席坊祿寨麻册南小榆諸村皆受其利而麻册洞以東二十餘里無復勺水之潤矣於是上官上中民交訟焉太守王公曰上中河者私也上官河者公也上官河轉而逆上中河狹而易法不德則守不堅法則民畏而詳乎德則民化而訟息究厥病本其谷席坊橋平有張滋者善治使滋決席坊之雍潛平水上官河之源於是上官河滔滔東注且抵劉村鎮以復其舊而界王下院東宜補修搭頭陂澤焉務南劉辛息諸村皆成陸海不旱而稻粳茂不雨而麻麥熟雖汙潴湖瀆不足以方其美也而上中河之民亦分程限日均沾其澤或有尊賞嘉客道出平陽太守則邀謁平水神祠坐清音亭官河之源流賦詩飲酒與民同樂歌曰官河漾漾兮百穀成水無私心兮民不爭判官呂柟曰王官谷瀑布泉下流為貽溪水可灌田千餘畝唐司空表聖立法谷人以時用之至今不廢異時太守李公義方亦作永利池利澤渠而趙城洪洞臨汾亦甚賴焉太守嘗云政在善俗俗先禮讓禮讓之興在閭里田疇鄰縣之間夫虞芮亦平陽屬邑昔人訟田不決如周以平皆慚而還置閒田焉今猶有遺風也於乎人孰無是心安知他日兩河之民不為貽溪永利諸渠乎於乎上官河其永矣嘉靖四年三月二十二日工興四月四日成太守字公濟名溱開州人辛未進士前監察御史

嘉靖五年秋平陽府同知許璋通判黃鍾推官喬年臨汾知縣袁淮　縣丞劉經立石

128. 平陽府重修平水泉上官河記

立石年代：明嘉靖五年（1526 年）

原石尺寸：高 225 厘米，寬 110 厘米

石存地點：臨汾市堯都區金殿鎮龍祠村龍子祠

平陽府重修平水泉上官河記

平水上官河，泉出府西南三十里平山之下。平山者，莊周所謂藐姑射山也。平水之源爲金龍池，池上爲龍祠，祠西南近條山，數泉皆入平水。又東二百步爲平水神祠，祠前爲清音亭。東過清音亭之後爲雲津橋，而平水分流，俗所謂十二官河，以溉臨汾、襄陵之田者也。蓋自是第一流爲上官河，以至劉村鎮夾河三十六村爲田二萬餘畝皆資焉。然自張家橋東過石曹澗至於趙半溝，其南支流爲上中河，而居民新開飲水之處則在其北焉。又其東爲席坊橋，其北則受小石橋之平水、席坊澗之山水，水多泥淤砂礫，上官河遂不復東行而南入上中河矣。於是席坊、祿阱、麻册、南小榆諸村皆受其利，而麻册洞以東二十餘里無復勺水之潤矣。於是上官、上中民交訟焉。太守王公曰："上中河者，私也；上官河者，公也。上官河博而遠，上中河狹而近。不法不德，則守不堅。法則民畏而訟平，德則民化而訟息。究厥病本，其在席坊橋乎！"有張滋者善治水，遂使滋决席坊之壅，浚平水上官河之源。於是上官河滔滔東注直抵劉村鎮，以復其□，而界玉、下院、東宜、補子、塔頭、段澤、馬務、南劉、辛息諸村皆成陸海，不圩而稻粳茂，不雨而麻麥熟。蓋雖江渚湖濱，不足以方其美也；而上中河之民亦分程限日，均沾其澤。或有尊賓嘉客道出平陽，太守則邀謁平水神祠，坐清音亭上，□官河之源流，賦詩飲酒，與民同樂。歌曰："官河漾漾兮百穀成，水無私心兮民不争。"判官吕柟曰："王官谷瀑布泉，下流爲貽溪，水可灌田千餘畝，唐司空表聖立法，谷人以時用之，至今不廢。异時太守李公義方亦作永利池、利澤渠，而趙城、洪洞、臨汾亦甚賴焉。太守嘗云：'政在善俗，俗先禮讓。禮讓之興在閭里、田桑、鷄豚之間。'夫虞芮亦平陽屬邑，昔人訟田不决，如周以平，皆慚而還，置閑田焉，今猶有遺風也。於乎！人孰無是心，安知他日兩河之民不爲貽溪、永利諸渠乎！於乎！上官河其永矣！"嘉靖四年三月二十二日工興，四月四日成。太守字公濟，名溱，開州人，辛未進士，前監察御史。

賜進士及第平陽府解州判官前翰林院修撰高陵吕柟撰并篆，關西种雲漢書。

嘉靖五年秋平陽府同知許琦、通判黄鍾、推官喬年、臨汾知縣袁淮、縣丞劉經立石。

129. 張長公行水記

立石年代：明嘉靖七年（1528 年）

原石尺寸：高 221 厘米，寬 100 厘米

石存地點：臨汾市堯都區金殿鎮龍祠村龍子祠

張長公行水記

昔堯都平陽有洪水之儆，舜乃命禹作司空以平水土，于時地平而民作。又《書》曰“浚畎澮”，可徵已。嘉靖三年夏，王子來守是邦，歲值大旱，乃渡汾而西，將謁平水神禱焉。田有渠汧，其畎澮之迹乎？觀于阡陌之間，西南其畎者，厥田滋以茂；北東望之，土燥而苗將槁焉。問之田父，田父曰：“上官河塞者於是乎四紀矣。”乃觀于平山之下，平水出焉，祠其上，前爲龍池，東流至于清音亭，過雲津橋，十二官河分焉。東出石槽澗，至於分水口，東南分渠，得水十之三，爲上中河，溉辛家諸村之田焉。東北過新開口，又東北山水决其防，上官河塞焉。乃觀於席坊橋之上，厥水溢於上中河，遂入于汾。曰：“嗟乎！聖有遺迹，地有遺利，仁者不爲也！民有遺力，水有遺流，智者不爲也！”于□諗于衆，將疏之。僉曰：“張長公□□行孚于鄉，無私而好惠，盍屬諸。”明年乙酉春三月中旬，乃屬長公疏渠。自席坊西爲堰，以坊山水之衝。北過禄阱橋，至於小榆橋，又北，夾岸而西出麻册澗北，於是乎溉麻册諸村之田。北至騰槽而東分斗門，於是乎溉界谷諸村之田。北過西宜橋分汧東流，又北夾西宜觀東流爲二汧，又北爲計家溝，於是乎分溉東宜諸村之田。北爲澗北溝，又北爲八溝澗，東流而北，西過小橋，於是乎溉段村之田。北爲石橋，東流分汧，北東過衛家溝，分四汧，又北過武亭橋，分汧，北歷五橋而分爲二渠，於是乎溉劉村之田。田計二萬有奇，村計三十有六，皆於上官河有賴焉。渠之廣一丈二尺，深倍之。凡四十日告其成功。王子曰：“天地成而聚於高，歸物於下，表爲山河以戒其域，疏爲川澤以導其氣，區爲陂塘溝洫以鍾其美。今夫河水之歸也，渠川之分也，田民之依而財之藪也。是故民非田弗養，田非水弗殖，民之大事在田。神之粢盛於是乎供，人之蕃庶於是乎出，國之供給於是乎賴，天下之安阜輯寧於是乎成。凡以水無散越壅滯，田有所資也。長公之行水也，無私則行所無事，好惠則澤溥而衆服，故行無事庶乎稱智焉，澤溥庶乎稱仁焉，功四十日告成而民争趨之，庶乎稱義焉。一功成而三美具，所謂行孚于鄉者，其在兹乎？”鄉之耆老王銘、張威，率諸村之人請表其功，乃於平水祠前之西刻石，以示不忘。人皆曰：“長公以孝友知名鄰里，鄉黨之貧者長公多恤之，或病而死不能葬者必爲棺以助焉。高河之上，嘗總石橋之役，出百金以先尚義者，斯其素履之大者也。”長公姓張氏，□□，字宗乾，大中丞西磐先生之兄也，人故稱長公云。

賜進士中憲大夫知平陽府事前監察御史開州王溱撰，賜進士承事郎推平陽府事前工部觀政臨清張相篆，直武英殿中書事德平郭諶書。

賜進士文林郎知臨汾縣事膚施董珊、縣丞曹州閻嵩立石。

長安葉文舉鐫。

大明嘉靖七年歲次戊子十月初吉。

重修濟衆橋記

[illegible]濟衆橋記

陝西韓城山東[illegible]三學訓導邑人王昭撰

吏部選[illegible]邑人楊[illegible]篆

夫古[illegible]開[illegible]以通往來便民志也蓋世[illegible]往大都通衢府之郡邑入鄉村何莫[illegible]者亦豈能合是耶且垣邑治北[illegible]許設里曰張鄉名曰[illegible]塚東有高崗南[illegible]王泉西[illegible]流北倚舜井于泉前有古道往[illegible]自古迄今王泉之水經流于此歷年久遠屢被東崗山[illegible]泛濫衝斷斯道架木[illegible]橋風雨損壞往[illegible]治者患于艱阻況守嘉靖元年八月二十有九囂塚一鄉新建集場四方之人糴糶由于斯商賈[illegible]于斯凡百貿易往來者亦莫不由于斯尤甚患焉正德歲鄉人宋[illegible]見斯患也欲脩石橋有志未果而卒繼有鄉人楊鉞王克明翟昶王大本等同心同力脩理此橋僉曰自己不如任人于是敦請山中慕道僧人明悟再請能匠石工李仲仁等於本年三月三日興工脩理[illegible]人明悟遠夜緣塗勸化鄉人一鄉之[illegible]幡然感化出財帛者[illegible]不惜所有運磚石者人[illegible]各爭先于此橋也數月而成泛濫之水其有經塞往來之人無被斯患今既工畢欲記其始終留心成事之人與夫施財運石勤工之輩無由顯揚衆欲立石刻名于上[illegible]其後故蔵謂予予曰可妳予生長此土目覩其患敢不述其始終之人成就之事并昔之患于往來罹糶患于阻滞商賈患于險峻今皆去險阻而登坦塗以至老弱饋餉牧童往还亦莫不歡忻踴躍于斯焉成功如此雖不能文姑述管見以答衆親之謂故于施財多寡不一助工勤惰不[illegible]勒碑陰遠播[illegible]祝往來君子勿哂予言為往此特記其事之始終與施財之易助工之勤并立石歲月[illegible]時[illegible]云旹

大明嘉靖[illegible]歲次戊子秋仲月日在丙辰之吉[illegible]僧人亭高圖果明悟達朝[illegible]同立石

本村督工維那鄭顗翟欽翟克明喬貴翟昶衛寧宋儒楊聰王[illegible]常思德張[illegible]王世威

王榮楊鉞楊[illegible]本楊琏郭安張諮楊錦刘[illegible]宋[illegible]喜張秉彝楊恭

本邑[illegible]石工李仲仁徒弟刘守來刘春郭彥記薛奉錫造

130. 肇修濟衆橋記

立石年代：明嘉靖七年（1528年）
原石尺寸：高160厘米，寬79厘米
石存地點：運城市垣曲縣曆山鎮南堡村

〔碑額〕：肇修濟衆橋記

肇修濟衆橋記

夫古□□□開晝爲路者，□□以通往來，便民志也。盖世人志往大都，適司府□之郡邑入鄉村，何莫而□□二□□□□□揚者，亦豈能舍是耶？且垣邑治北□十里許，設里曰□張鄉名曰簪冢，東有高崗，南臨王泉，西□□流，北倚舜井王泉，前有古道往縣治也。自古迄今，王泉之水經流于此，歷年久遠，屢被東崗山水泛濫衝断，斯道架木爲橋，風雨損壞，往來治者，患于艱阻。况于嘉靖元年八月二十有九，簪冢一鄉新建集場，四方之人糴糶由于斯，商賈由于斯，凡百貿易往來者，亦莫不由于斯尤甚患焉。正德歲，鄉人宋興見斯患也，欲修石橋，有志未果而卒。繼有鄉人楊鉞、王克明、翟永、王大本等，同心同力，修理此橋，僉曰：任己不如任人。于是敦請山中慕道僧人明悟，再請能匠石工李仲仁等，於本年三月三日興工修理。僧人明悟晝夜緣塗，勸化鄉人，一鄉之人皤然感化，出財帛者遠近不惜所有，運磚石者人衆，□各争先于此橋也，数月而成，泛濫之水，無有壅塞，往來之人，無被斯患。今既工畢，欲記其始終，留心成事之人，與夫施財運石助工之輩，無由□揚。衆欲立石，刻名于上，永傳其後，故咸謂予，予曰可。矧予生長此土，目睹其患，敢不述其始終之人、成就之事？并昔之患于往來，糴糶患于阻滯，商賈患于險峻，今皆去險阻而登坦塗，以至老弱饋餉、牧童往还，亦莫不歡忻踊躍于斯焉。成功如此，雖不能文，姑述管見，以答衆親之謂，故于多寡不一，助工勤惰不□，□勒碑陰，遠播芳□。□祝往來君子，勿哂予言爲狂。此特記其事之始終與施財之易、助工之勤，并立石歲月日時□□云。

□士陝西韓城山東齊東二學訓導邑人王昭撰，吏部德選官邑人楊璋篆。

募緣僧人□鴦、圓果、明悟、遠朝同立石。

本村督工維那頭：翟欽、王克明、喬貴、翟昶、衛寧、宋儒、楊聰、王懷□、□賢、常思德、張美、王世威、王榮、楊鉞、楊□、王大本、楊珪、郭安、張謂、楊錦、刘□、宋志善、張秉彝、楊思恭。

本邑處士楊得□書。

石工李仲仁、徒弟刘守來、刘春、郭彦記、薛奉鎸造。

時大明嘉靖柒年歲次戊子秋仲月日在丙辰之吉。

131. 重修靈湫廟記

立石年代：明嘉靖九年（1530 年）
原石尺寸：高 220 厘米，寬 80 厘米
石存地點：長治市長子縣靈湫廟

〔碑額〕：重修靈湫廟記

重修靈湫廟記

嘗謂神者，神也，所以神其神也。神者神於神，所以神其神者，在於人也。神非自神其神，有功於民，自足以神其神也。人非能神其神，而誠……其神也。長子之西，有泉曰靈湫，出自鳩山之下，其詳不可得而聞也。且以近而考之，可以驗其神也。其水澄而清，是其神之有潔也；其……遒而急，是其神之正直也。瀉於螭口，潺潺有聲，歸宿東溟，混混不竭，膏澤長子，浸潤殊方。其神爲何□也？嗚呼神矣！非主之者神其神，而何以……三子，而莅於是也。昔者炎皇，教民稼穡，乃粒蒸民，神其神於有肇；而三聖統靈源，又灌溉乎斯民。在炎皇，可謂克開厥後；在三……有續也。神其神於無窮也。斯民神之，不其然乎？神之仁於民，人之神於神，在神之神，斯民固受其福矣。而人之能神，神亦焉有不顯哉！……何能神於神哉？神者，幽也；人者，明也。神能神，自幽而達於明；人能神，白明而達於幽。神固神也，人亦神也。神能陰騭於人，誠也；人能感格於神與，幽明雖有异，而誠則無异也。抑不知神之爲人，人之爲神也。神也？人也？吾不得而知也。是神者人也，人者神也，幽者明也，明者幽也。故曰：苟不能神，在己之神，而欲來在神之神，神若我顧者，未之有也。是在我既無其神在，神何能神其在我哉！非惟神不我顧，且又陰騭於誠者，不誠則不能格神，誠則神至，不誠則神不至。又曰：神而明之，存乎其人。嗟夫！靈湫出自鳩山，三聖祀守靈湫。天之暵旱，民之灾……此而觀，人能神神也，神即神人也。噫嘘唏！寧使人神在神之神，勿使神不神在人之神也。欲神之神，其尚求諸己乎？廟之基址仍舊……争輝，水山映色。廟前增以蓮塘數畝，偉然一壯觀也，誠足以妥神於冥冥也。事將竣，予與有聞焉，故以神神人人之事，以告之神人……

應試秋闈增廣生員堯□□□□，儒學增廣生員邑□□□□，乙酉秋闈進士邑□□□□□□。

賜進士文林郎知長子縣事唐山王密，迪功郎長子縣縣丞霍丘鄒相，將仕郎長子縣主簿贊皇杜永泰。

□□□陽侯相，儒學訓導容城魏琮，訓導河間王臣，戊子秋進士邑人張美，孝官邑人王卿，省祭官邑人王釗，漳澤驛驛丞□□□，遞運所大使韓欽，陰陽學訓術王道。

皇明嘉靖九年歲在庚寅仲冬穀旦立。

鮮池下坐
太行山曲瑞池
開仙子乘龜引
雀來洞撼南風
華説繰臺蒸赤
日豔初堆承筐
空羡藍田亞人
晁還同庚饋構
羊醉倚簫歌白
雪滿庭涼月未
瀝回

癸[illegible]胡纘宗

嘉靖庚寅之歲

132. 解池小坐詩刻

立石年代：明嘉靖九年（1530 年）
原石尺寸：高 37 厘米，寬 78 厘米
石存地點：運城市鹽湖區池神廟

解池小坐
太行山曲瑞池開，仙子乘秋引雀來。
洞撼南風華欲綉，臺蒸赤日鹽初堆。
承筐空羡藍田玉，人鼎還同庚嶺梅。
半醉倚簫歌白雪，滿庭凉月未應回。
天水胡纘宗。
嘉靖庚寅之歲。

襄陵縣京安鎮五里永利水條碑記

乃清夫均地積造水冊重修汧道革弊息爭以開水源以垂永賴事聞禹平水土稷教稼穡而後世師其智浚支委以澆灌田苗此水利所由起也本地古關鎮原係西中東三里　邑侯朱海陳公改名京安鎮與東關南梁二村自大元泰定四年因西山谿都峪雷鳴水發本旨開創關良大汧一條與太平縣侯姚等村分渠使水上自峪口流至街衙汧澆地三十六畝南岸道上微下古有故水堰道五尺為往来便途約水橋以下南分小汧流至東門外北汧二十七夾口止流至南汧三十三夾口止澆地一千二百二十畝北分總汧流至野坡汧北溝具呈本縣洞陳積弊維時　邑侯河陽薛公仁明英斷首肯其事批云瑟不調必更張之乃可鼓該鎮士民照地畝均編此誠永利之道即命印鈐施行由是遵古初舊規每夫一名均地三十畝一律興工輪流澆灌上滿下溢周而復始照黃冊例十年一造永為定制甲戌正月集衆會議自汧口向西南斜砌滚堰長三十餘丈吉卜二月朔日破土動工陸續修理埋根深丈餘明露五尺闊厚三丈錢糧照公報地畝徵取其工浩大費用甚繁至於奸辭不興工者告成後自當永世不容澆灌有敢違犯妄生遺議者定以變亂水利呈　縣依例重究不貸謹誌

133. 襄陵縣京安鎮五里永利水條碑記

立石年代：明嘉靖九年（1530 年）

原石尺寸：高 62 厘米，寬 26 厘米

石存地點：臨汾市襄汾縣古城鎮京安村

襄陵縣京安鎮五里永利水條碑記

爲清夫均地續造水册、重修汧道、革弊息争，以開水源，以垂永賴事。聞禹平水土，稷教稼穡，而後世師其智，决支委以澆灌田苗，此水利所由起也。本地古關鎮原係西、中、東三里，邑侯東海陳公改名京安鎮與東關、南梁二村。自大元泰定四年，因西山豁都峪雷鳴水發，奉旨開創關良大汧一條，與太平縣侯、姚等村分渠使水。上自峪口流至衞衕汧，澆地三十六畝，南岸通上徹下古有護水堰道五尺，爲往來便途；約水橋以下，南分小汧流至東門外北汧二十七夾口止，流至南汧三十三夾口止，澆地一千二百二十畝；北分總汧，流至野坡汧北溝，具呈本縣洞陳積弊。維時，邑侯河陽薛公仁明英斷，首肯其事。批云：瑟不調必更張之，乃可鼓。該鎮士民照地畝均編，此誠永利之道，即命印鈐施行。由是，遵古初舊規，每夫一名均地三十畝，一律興工輪流澆灌。上滿下溢，周而復始，照黄册例十年一造，永爲定制。甲戌正月聚衆會議，自汧口向西南斜砌滚堰長三十餘丈。吉卜二月朔日破土動工，陸續修理。埋根深丈餘，明露五尺，闊厚三丈，錢糧照公報地畝徵取。其工浩大，費用甚繁。至於奸辭不興工者，告成后自當永世不容澆灌。有敢違犯妄生遺議者，定以變亂水利呈縣，依例重究不貸。謹誌。

134. 葫蘆頭重修廣禪侯神廟碑記

立石年代：明嘉靖十年（1531 年）

原石尺寸：高 175 厘米，寬 70 厘米

石存地點：晋中市靈石縣馬和鄉葫蘆頭村廣禪侯廟

〔碑額〕：葫蘆頭廟碑記

葫蘆頭重修廣禪侯神廟碑記

竊聞神鬼之道，陰陽表裏，人雖無見，冥冥之中爲善降祥，爲惡降殃，人作而神必報，隨感而見其□□□。亘古以來，此處東有綿山介之推神祠，施布雨澤，潤濟四方，禱之有應。南有真武神，西有百□□□□商山聖母，百姓祈之皆有效驗。惟有此村古有廣禪侯神廟一座，世遠人亡，倒塌墻柱，朽壞聖像，基址猶存，人視之常。乃於正德歲在辛巳，近有鄉老閆守寧思將古廟復建重修。舊地不堪，對换與閆□，□在西北。會同糾首閆寶、閆付、左雄等，化感四方善士，輳聚錢粮，節修廟宇。續保鄉老閆經等謹感□□名善士，供給丹青，塑畫聖像。經今完全，共成聖事。使民春秋祭祀洋洋乎如在其上，如在其左右也。□其誠則有其神，是故神非民無所栖，民非神無所賴。所以陰陽相合，表裏相承，雖係冥冥之中必可報應于世。惟民五谷豐登，六畜孳盛，并無文辭書記。奈逢朽木，上寫俗言，代應此事，焕然一新，耿耿而不磨。贊曰：

神鬼之事，悟也難明。視之不見，听之所聞。扶果天地，撫恤群生。爲民潤國，屢立大功。琢石于紀，敬神保民。鄙無斯語，妄作元因。

介山朽木燕得相撰書。

（以下功德主姓名漫漶不清，略而不録）

供給塑畫聖像人：閆雷、閆展、耿芳……本村鄉老閆守寧……

嘉靖十年孟冬月初旬三日。

官定趙家莊
水利帖文碑
官定趙家莊水利帖文碑記
嘉靖十二年二月　日

135. 官定趙家莊水利帖文碑記

立石年代：明嘉靖十二年（1533 年）

原石尺寸：高 153 厘米，寬 70 厘米

石存地點：臨汾市霍州市開元街道趙家莊觀音廟

〔碑額〕：官定趙家莊水利帖文碑記

官定趙家莊水利帖文碑記

平陽府爲結勢重大屈枉鄉民無伸無憑妄争無干水……欽差兼理兵備、山西等處提刑按察司分巡河東道僉事張□，……蒙批：姑依擬發落取實收繳，其水利既踏勘明白，亦速行該州，省……有再争，定將爲首之人枷號重治不恕。蒙此案照先准本府通判張□□□已經呈詳去後，今蒙前因擬合抄招通行發落。爲此除將各犯先已發來外，□□□州着落當該官吏，照帖備蒙批呈抄招内事理，即將問完犯人□□、張琮□□□一分照例折銀二錢，省令犯人自行儘銀買納。□□、張琮又各該工食銀一□□錢追完紙。二分類解公用，八分與工食銀，俱易穀備賑，取庫收一樣二本繳報□。原告争柳溝等泉水，仍斷與趙家莊人户張琮等照舊使用；勘出張家坡水泉一渠，讓與澗河南疏通協濟使用。仍備出示曉諭，永爲遵守施行，敢有仍前再争，定將爲首之人枷號重治不恕。通具庫收并發落示過緣由，一併申來，以憑繳報施行。須至帖者。

計發去問完詳，允減等各杖七十，照例折納工食銀贖罪。□日寧家。犯人二名□□、張琮抄招一紙。右帖下霍州。准此。

□告人張琮，同告人張崇德、張翼翔。

渠長張展、張萬鍾立石。

嘉靖十二年二月　日。

重修樂樓之記

136. 重修樂樓之記

立石年代：明嘉靖十五年（1536 年）

原石尺寸：高 248 厘米，寬 94 厘米

石存地點：晋城市陽城縣河北鎮下交村湯帝廟

〔碑額〕：重修樂楼之記

重修樂樓之記

嘗稽諸《易》曰："先王以享帝立廟。"又曰："先王作樂崇德，殷薦之上帝，以配祖考。"故廟所以聚鬼神之精神，而樂所以和神人也，此前人立廟祀神之由，樂楼所建之意也。予誦《湯誓》曰："王懋昭大德，建中於民，表正萬邦，兆民允殖。"王之德如此其盛也。觀之史傳，大旱七年，齋戒剪髮，身嬰白茅，以身爲犧，禱於桑林之野，六事自責之餘，大雨方数千里，王之澤如此其深也。德盛而澤深，民豈能忘其王於千百世之下哉！睹廟貌而興思，遇享祭而致敬，非勉然也，天理之在人心，自有不容已者矣。是以縣治西南去城七十餘里，有山曰析城，草木分析，山峰如城，即《禹貢》所載之名山也。世傳王嘗禱雨於斯，故立其廟像。民歲取水以禳旱，其來遠矣。其山之東北，有"下交"之地。居民正北有阜巍然，南山群峰屏繞，襟帶兩河，極爲奇秀佳麗之地。原其所自，亦析城之餘支遠脉，伏而顯者也，王之行宫在焉。每遇水旱疾疫，有禱即應，亦王祈禱之遺意也。觀其舊記，殿宇、行廊、門楼大小五十餘間，建自大元太安二年，迄今三百餘載。各殿宇損壞，聖像剥落，里人原大器輩，歷年重修補塑。惟樂楼規模廣大，年久風雨所摇，飛檐梁柱傾頹殆盡。至我國朝正德五年庚午，里人原宗志、原應瑞、國學生原應軫等，會集社衆曰："成湯，古聖帝也。樂楼蕪廢如此，與諸君完葺之何如？"衆咸曰："諾。"於是鳩工萃材，各輸資力，重修樂楼，一高二底四轉角，并出厦三間。功成於正德十年乙亥。棟宇臺榭，高大宏偉，金碧丹青之飾，焕然一新。其功倍於昔矣。玆者宗志、應瑞俱捐館，惟應軫字文璧，任廬州經府，已歸林下十載矣。予與文璧有姻戚之誼，又布衣時同游邑庠。一日囑予爲文，以紀盛事。予歸休日久，素拙於文，直書其重修始末之實。噫嘻！文璧建楼之意，豈爲諂事邀福之舉，尤有深意存焉。其心以爲，林下之士，爲徒以詩酒爲樂，幾近于晋之放達，與時何益哉！然假廟享帝之餘，爲彦芳誘善之計，與鄉人萃於廟庭，共宴神惠，必曰耕讀事神，誠善事也。嘗聞"作善降之以祥，作不善降之以殃"，使善者有所勉，不善者知所戒，而表正勸懲之典寓焉。且舉祀之際，談敘廟之舊記，又曰某人始建何廟，某人重建何祠，而修舉廢墜之意，又將垂於無窮者矣。嗚呼！後之視今，亦猶今之視昔，千百載之下，睹廟楼之傾頹而復修飾者，未必不由文璧興作之也。予年老學荒，謹述其實，如其文，以俟後之能者。

賜進士第亞中大夫山東布政司左參政前刑部郎中邑人王玹撰，鄉貢進士文林郎杞縣知縣邑人白鑒篆，廩膳生員王鎧書。

總理社事：原應瑞、原宗志、原應軫。

分理社事：原夢禎、魚泰康、原守坤……

立石：劉善里。

石工：程邦同，男程思恩刊。

大明嘉靖十五年歲次丙申正月吉旦。

137. 重修合山神廟碑記

立石年代：明嘉靖十六年（1537 年）
原石尺寸：高 190 厘米，寬 105 厘米
石存地點：晋中市和順縣平松鄉合山村

重修合山神廟碑記

古人有言曰："山不在高，有神則靈，水不在深，有龍則靈。"味斯言也，不其然乎！吾郡東去三十五里許曰合山，南陰之下，松色鬱蔚，水泉沸涌。古創神祠，題曰"懿濟夫人"，厥弟曰顯澤侯，生有令德，没而爲神。每遇歲旱，四方祈禱，無不應焉。與凡人間善惡之作，祥殃之應，罔有僭差。歷考厥姓，古記爲媪姑後也。吾郡司每於春秋祈報以祭，恪慎匪寧。其爵秩祝號封自宋朝，建至金，廟貌毁於兵劫火焚之餘。有本部經略使張公，承□命以討亂，略被圍。公默禱斯神，即時雲雨交作，圍遂潰解。後公報祐葺理，規模始恢於前。及今，歲久易湮。有司鄉耆往往繼作，廟貌垣墉傾圮尚多。吾侯奉命來尹兹土，專以愛民事神爲務。凡學校壇壝之廢壞者，無不修而理之也。一日，因祀祠，睹而嘆曰："此山此水靈而秀矣，厥祠之神顯而應矣，庙貌垣墉卑且頽矣，事神治民，吾之責也。"即命鄉耆□□率工匠以相厥事。凡糇糧財用之費，人夫絡繹之攻則亦量有處也。鵬則告于衆曰：有司之所命者，敬神以仁民也，欲圖親上之仁，當思往役之義。遂糾四鄉善衆，協力捐資，共成乃事。兹作夫人正殿三楹，東西廊各三楹，香亭一楹。東南後作侯殿三楹，東西廊亦各三楹，香亭一楹。前建三門三楹，牌坊三楹。官路兩頭，立下馬碑各一通，以至牲所齋宿之舍，各以次而就也。廟貌垣墉焕然聿新，庶幾神栖有基，祀事有所，民祈有地矣！厥工始癸巳而成丙申也。有衆謁予爲記。予生也聰知不悉，姑竊前記，敷衍其説。惟願吾神益顯赫赫之靈，俾萬斯年，敬瞻敬仰，報德報功于無窮者，則亦庶乎有考焉。謹記。

儒學廪生漳南韓儼書撰。

承仕郎知和順縣事師道立命造。

主簿張文瑞，儒學教諭陳□……

時嘉靖拾陸年歲在丁酉肆月己巳初旬吉日。

138. 霍州辛四里李泉莊成案水利石碑記

立石年代：明嘉靖十七年（1538年）

原石尺寸：高82厘米，寬152厘米

石存地點：臨汾市霍州市開元街道李詮莊村觀音廟

霍州辛四里李泉庄成案水利石碑記

予以年老申請養病回籍後，本庄東北地名白谷垜水泉一處，從古以來惟是灌溉本庄□園八百余畝，不知有侵凌爭奪之擾。雖有隣近泉眼各有所歸，地土隔別界限處□分明。但□日以薄，民俗变詐，貪者侵削隣壤以廣己之疆理，强者平夷溝渠以救己之焦枯，縱横恣□毒螫滿懷。兹於嘉靖十二年間，忽被廓下富豪，欲行朦朧侵奪本庄水利。顧乃交結人面□心之徒，餌以杯酒脔肉之味，陰爲逐獸之夫，動作嗾獒之態，受命無違忤，使令有称愜，助□爲虐，謂秦無人，遂敢徑赴當道處累状混賴。奈鄉民善良，不能爲敵。幸賴省祭官□□銘、荀德魁，首唱當先出名之議，與耆民喬諒、荀廷珍等，夙夜憂勤，以作成其事。暨子仲男□□相與合謀，各有地土者幾百十人同心戮［勠］力，将情亦赴當道辯理。幸委廉能才幹本府祖父母官、通府張，親詣出水源泉，帶領有名人犯，從公踏勘，得水泉三四處，立名□□於称呼，界限自分有遠迩。不待刑具拷訊，奸頑自尔輸情。歸復故處，不失旧物，皆吾祖父母大人張甘棠遺愛所致，何忍以忘。意恐年深文案泯没，奸邪復起，特將原問供招□利始末緣由開列于後，鎸之于石，以爲永久之傳，以杜後來之争。予亦忝列在内，故爲之□。

平陽府霍州爲抗違批詳变乱水利虧枉民情事，承奉本府帖文，蒙差兼理兵備山西等處提刑按察司分巡河東道僉事張批。據本府呈前事蒙批，姑依擬發□取實收繳。其水利既親詣踏勘明白，作速備行該州曉諭永爲遵守，敢有仍前混争告擾□，將爲首之人枷號重治不恕。蒙此案，照先准本府通判張牒前事，准此已經備牒具結□詳去後。今蒙前因擬合就行爲此除外，合行抄招帖，仰本州着落當該官吏照依帖文備□批呈。抄招内事理，即將犯人閆淮、李成、荀大厚、荀福增、喬亮、李大銘俱告紙各一分。每分□依新定價值買納，二分類解公用，八分貯庫。閆淮、刘璠又各该工食銀一两三錢，李威又□贖罪鈔銀五分二厘五毫與紙價俱追完，候秋成糴谷上倉備賑。其告争白谷垜另水一□，断與李泉庄民荀大厚等照旧澆灌，仍出告示曉諭永爲遵守，敢有仍前混争告擾，定將□首之人枷號重治不恕。通具庫收并發落，及出給告示曉諭過緣由一并作速申來，以憑□報施行，□毋得違錯，惹究未便。奉此擬合就行。爲此，除遵依帖文批呈内事理施行外，合□帖仰告人荀太厚等收執。永爲執照，遵守施行，毋得似前混争告擾，定將爲首之人枷號□治不恕。須至帖者。

一問得閆淮年六十歲，係平陽府霍州宣四里軍籍，見充廓下渠長，状招本州城東古有泉□名張汲、曲尺、野狐澗，三處會合一渠，輪流澆灌李泉庄、趙家、廓下三處，碑記帖文存照。淮□無寸土可耕，难以度日，營作廓下渠長，只合遵守定規爲當，明知白谷垜泉水另是一渠，□年李泉庄人民澆灌使用，與廓下等處并不相干。淮下合替廓下要得混賴添增水勢，故□撒潑争鬥，構惹詞訟，與本庄荀佐等各状，赴巡按老爹王處告准。蒙批河東道僉事老爹張處轉批，仰王知州從公勘報。本州勘□原立碑文，張汲等泉與白谷垜泉水不曾開載明白，以致紛争告擾。断令照依原

定使水□期澆灌，仍問荀大厚減等杖罪。具招。申詳本道張老爹處，見得供招，仍又欠明。轉批本府張通判處再行查處停當，以杜後争。繳報。即日有李泉庄地户李大銘、喬亮，亦將淮□賴情由具状，赴本□張老爹處告准。亦蒙批。仰張通判提吊人卷親詣水利處所查處停當，毋令紛争具□□奪。淮亦又不合將先前各衙門曾經問断，併今次王知州量撥分水緣由，具状亦赴本道張老爹處訴准。仰張通判并勘繳。本官依蒙，親詣該州吊查即年始末卷案到官，帶領□内有名人犯，前到各泉會合處所審勘。得白谷垛另水一渠，自洪武至今原係李泉庄自□澆灌八百余畝，與□趙家庄、廓下并無相干。淮等要行混賴等情，是的審實，取供明白，改問罪□。一議得閆淮等所犯，閆淮、李威、刘璠、喬亮、李大銘，俱合。依不應得爲而爲之事理重者，律各杖八十，俱□大誥減等，各杖七十。閆淮係渠長，刘璠係民，審稍有力，各照例折納工食贖罪。李威招年七□以上，依律收贖。喬亮、李大銘，但一事告實，免科與供明。荀珉先該霍州問，擬不應減等杖罪，□辯供明，候詳允至日發落。

一議出閆淮、李威、刘璠、荀大厚、喬亮、李大銘俱告紙各一分，原告争白谷垛另水一渠仍断□，與李泉庄民荀大厚等照舊澆灌。吊來文卷發回該州備照。

計發去問完犯人五名：

減等各杖七十，審稍有力，納工食銀贖罪犯人二名：閆淮、刘璠；招年七十以上，依律收贖犯人一名：李威；免科犯人二名：喬亮、李大銘。

致政文林郎中弘治乙卯鄉貢進士知三縣事僻庵荀玹汝成撰，□□王府奉訓大夫儀賓季男荀憎惟安謹書。

嘉靖十二年三月二十日。帖下李泉庄渠長收執。准此。

（以下姓氏人名略而不録）

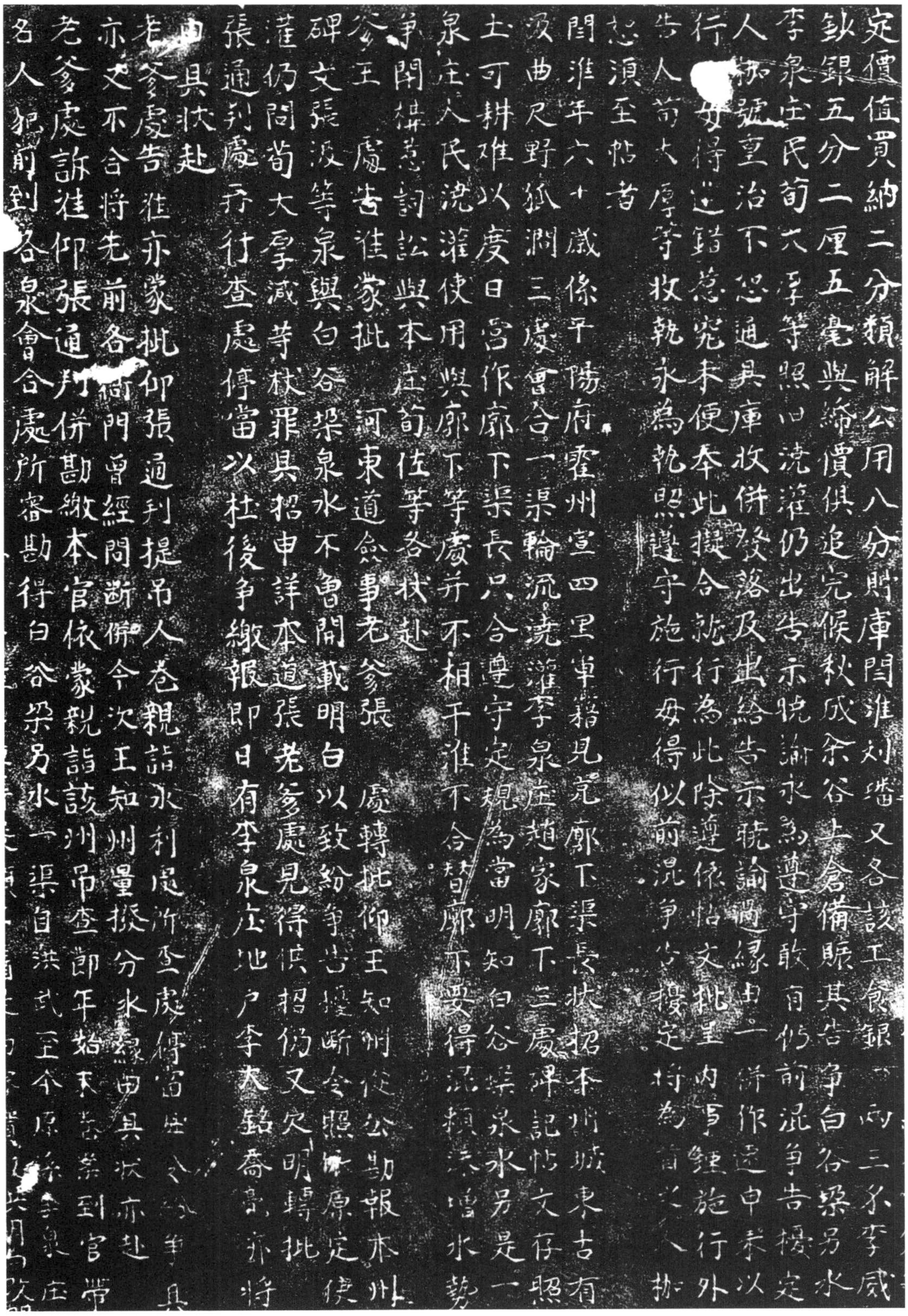

《霍州辛四里李泉莊成案水利石碑記》拓片局部

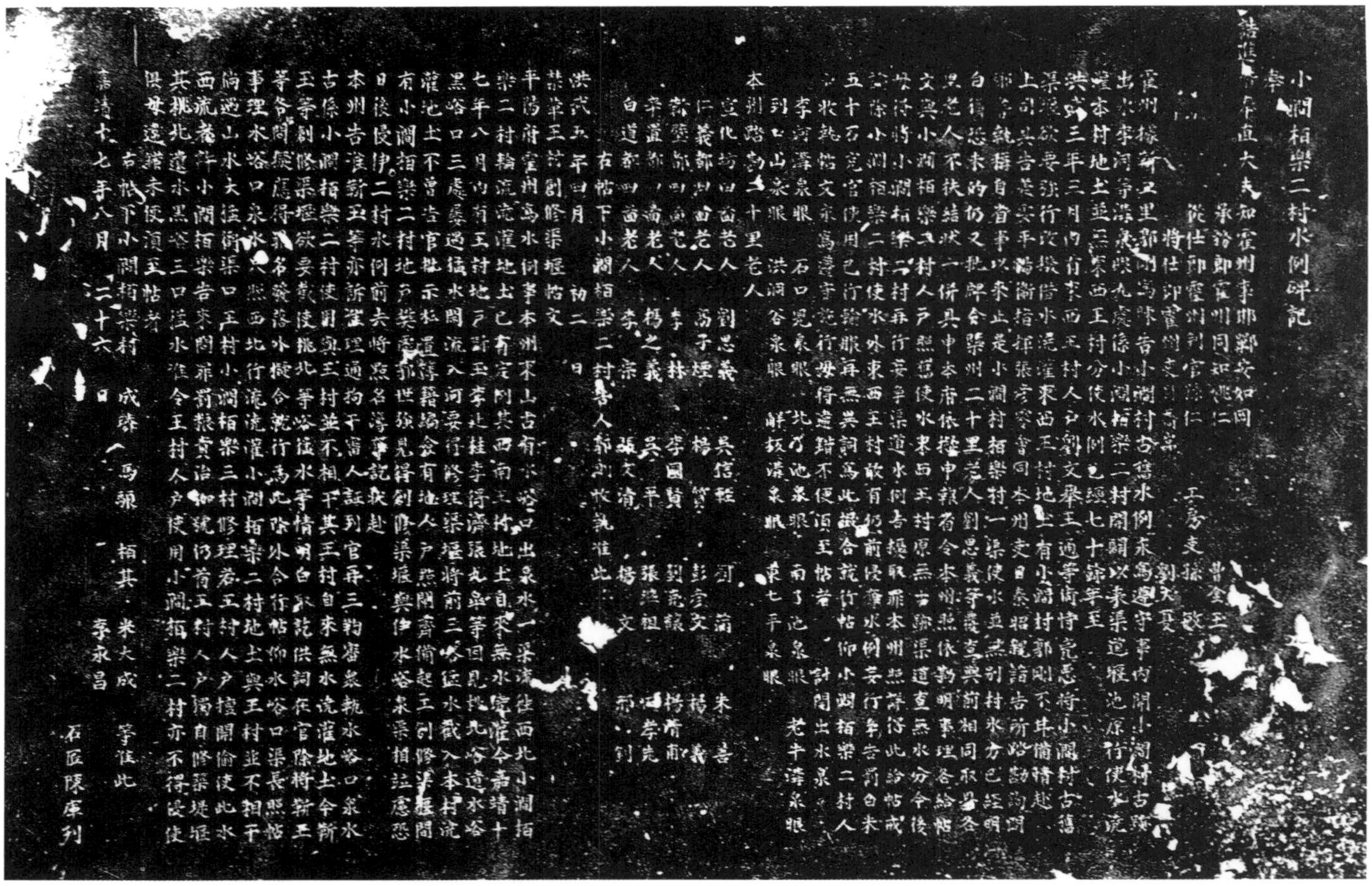

139. 小澗柏樂二村水例碑記

立石年代：明嘉靖十七年（1538 年）
原石尺寸：高 70 厘米、寬 110 厘米
石存地點：臨汾市霍州市署儀門西墻

小澗柏樂二村水例碑記

霍州據靳二里郭剛爲陳告小澗村古舊水例永爲遵守事。内開小澗村古迹出水李河等溝泉眼九處，係小澗、柏樂二村開闢以來渠道堰池原行使水澆灌本村地土，并無東西王村分使水例，已經七十餘年。至洪武三年三月内，有東西王村人户劉文舉、王通等倚恃凶惡，將小澗村古舊渠堰欲要强行改撥，借水澆灌東西王村地土。有小澗村郭剛不甘，備情赴上司具告。差委平陽衛指揮張彦零，會同本州吏目秦昭，親詣告所，踏勘詢問。鄉耆執稱，自省事以来，止是小澗村、柏樂村一渠使水，并無别村水分。已經明白。猶恐未的，仍又批牌，令概州二十里老人劉思義等覆查，與前相同。取具各里老人不扶結状一併具申。本府依擬申報，省令本州照依勘明事理，各給帖文與小澗、柏樂二村人户，照舊使水；東西王村原無古迹渠道，查無水分，今後毋得將小澗、柏樂二村再行妄争渠道水例，告擾取罪。本州照詳得此給帖戒諭：除小澗、柏樂二村使水外，東西王村敢有仍前侵奪水例妄行争告，罰白米五十石，充官使用。已行輸服，再無异詞。爲此，擬合就行帖，仰小澗、柏樂二村人户收執帖文，永爲遵守施行，毋得違錯。不便須至帖者。計開出水泉：

李河溝泉眼、石口兒泉眼、北了池泉眼、南了池泉眼、老牛溝泉眼、到口山泉眼、洪洞谷泉眼、解板溝泉眼、東七平泉眼。

本州踏勘二十里老人：

宣化坊四啚老人：劉思義、吴信輕、劉滿、朱善。

仁義都四啚老人：高子烟、杨質、彭彦文、楊義。

靳壁都四啚老人：李林、李國賢、刘克讓、杨清甫。

辛置都四啚老人：楊之義、吴平、張繼祖、□孝先。

白道都四啚老人：李宗、張文清、楊文、邢釗。

右帖下小澗、柏樂二村告人郭剛收執，准此。

洪武五年四月初二日。

禁革王村創修渠堰帖文

平陽府霍州爲水例事：本州東山古有水峪口出泉水，一渠流往西北小澗、柏樂，二村輪流澆灌地土，已有定例。其西南王村地土自來無水澆灌。今嘉靖十七年八月内，有王村地户靳玉、李廷桂、李得濟、張九臯等，因見桃北峪、遺水峪、黑峪口三處屡遇猛水閑流入河，要得修理渠堰，將前三峪猛水截入本村澆灌地土；不曾告官批示，擅置簿籍，編僉有地人户，點閘齊備，起工創修渠堰。間有小澗、柏樂二村地户樊彪、郭世强，見得創修渠堰與伊水峪泉渠相并，慮恐日後侵伊二村水例，前去將點名簿奪訖，状赴本州告准。靳玉等亦訴准。理通拘干審人證到官，再三鞫審。衆執水峪口泉水古係小澗、柏樂二村使用，與王村并不相干，其王村自來無水澆灌地土。今

靳玉等創修渠堰，欲要截使桃北等峪猛水等情明白，取訖供詞在官。除將靳玉等各問擬應得罪名發落外，擬合就行。爲此除外合行帖，仰水峪口渠長照帖事理。水峪口泉水只照西北行流澆灌小澗、柏欒二村地土，與王村并不相干。倘遇山水大猛衝渠口，王村、小澗、柏欒三村修理。若王村人户擅開偷使此水西流者，許小澗、柏欒告來，問罪罰粮，責治枷號，仍着王村人户獨自修築堤堰。其桃北、遺水、黑峪三口猛水准令王村人户使用，小澗、柏欒二村亦不得侵使。俱毋違錯。未便須至帖者。

右帖下小澗、柏欒村成璘、马騋、柏其、米大成、李永昌等，准此。

奉誥進□奉直大夫知霍州事邯鄲安如岡，承務郎霍州同知姚仁，從仕郎霍州判官孫仁，將仕郎霍州吏目喬崑，工房吏曹金玉、孫敏、劉大夏。

石匠陳庫刊。

嘉靖十七年八月二十六日。

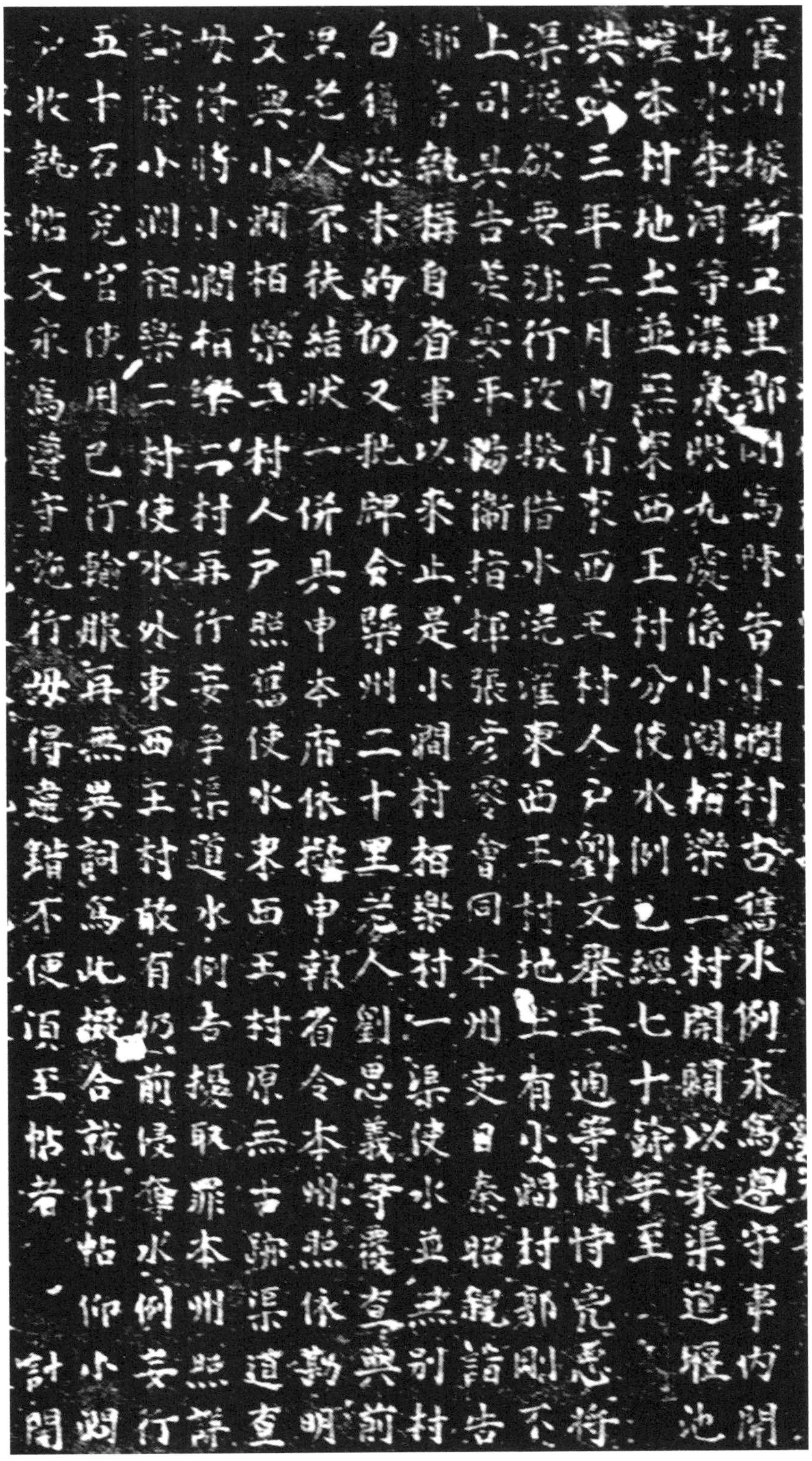

《小澗柏樂二村水例碑記》拓片局部

140. 奉旨水利碑記

立石年代：明嘉靖十九年（1540年）
原石尺寸：高176厘米，寬91厘米
石存地點：運城市絳縣博物館

〔碑額〕：奉旨水利碑記

平陽府爲朋謀肆行，□□奏奪水利，變亂……併行申勘極究事，抄蒙欽差兼理兵備山西等處提刑按察司分巡河東道僉事高公案驗。蒙巡按山西監察御史連批，該本遞呈前事蒙批，審無异詞，各犯俱如，擬發落取實□照繳。陳得中等提問，報蒙此行問練。蒙欽差提督雁門關兼巡撫山西地方都察院右副都御史陳批，該本道亦呈前事。蒙此巡按衙門，既有勘合查□□□，仰照詳施行歇業。此案查已經具結，通行呈詳及解審去後，今蒙前因，擬合發落，爲此仰抄案回府，着落當該□□□□事理，即將後開發去。犯人陳有賢、陳九漢、張付才、王尚志各告緡銀貳錢，陳有賢、張付才、王尚志各又工價銀玖兩，陳九漢贖罪米壹拾石，折銀伍兩，俱追完絺銀，内除貳分買緡聽取公用，捌分興工，價米價銀俱候類解。工部□□工程取實收，壹樣貳本。繳照帶溪泉水，行令該縣照舊，經由地名大喬村、郭家庄、渠頭村、譚家庄，流來本縣街渠□，按貳月泮池概縣人畜食用，蒙批擬合就行，爲此合行帖。仰本縣官吏照帖事理，即將帶溪泉水照舊。經由地名大喬村、郭家庄、渠頭村、譚家庄，流來本縣街渠布，按貳司泮池概縣人畜食用，毋得違錯。不便須至帖者，巡撫都御史陳批，據所申該縣帶溪水，既先年設有渠道，通流入城，衆所資藉，陳九漢等安得以一家獨專其利。仰縣再勘是實，將原設碾磨拆去，毋得利己妨人，敢再執迷無狀申來，拏問重治。此繳巡按御史王，王批仰縣再查，水磨下流之水，能否入域，水磨田有無加税，通查回報。按察司廉仰□批，水利准照先年舊規使用，不許勢占。仰將陳九漢戒論，如不遵依，解司問罪。繳絳州知州張批，既有碑記誌書，又有問結卷案，豈得容奸豪專？據玆誠義舉也，依擬行繳。

太學生王汝猷書。

文林郎知絳縣事遼陽蔡椿，迪功郎縣丞東明綦永安，典史臨潼張相，將仕郎主簿濮州李時，儒學教論鳳翔侯冠，訓導□縣陽大興、遷安趙邦岱。

工房吏：關士聰、李繼寬、劉東陽。□□人：張惠、王汝謨、王尚智。

石匠張文學、鄭付禄鎸。

嘉靖十九年五月十一日。

重建天龍八部廟記

重建天龍八部廟記

神以龍名神之正也蓋能騰百川雨天下厥功懋哉我州呂梁古望山也大禹數治水之功肇基於此故今有禹跡有馬山之南秀峯尤出俗名萬松呂梁之支也四圍拱翠白雲岫出其而靜幽而寂靈異之所也上有古廟屹然神曰八龍謂其大旱作霖雨數神功於八方者也而茲土庶賴尤甚有所即應雨暘時若各有外境亢旱赤地千里饑饉相望而茲土獨沾宗享豐稔之福嗚呼救災捍患不可謂無功也而功亦可謂不大也而夫人歲時享祀香火對越非諂也誼理也哉但是廟之建不知其始予昔髮生徒備業於是山也遊其廟而弗得但觀東壁有碑鄉盛高公諱鉉所作予先君諱鵬所書也特叙其重建之意耳是廟之立弗知其詳西壁有碑太宗范公所作按記禱雨輒應之意耳是廟之立弗知其詳山頂有古碑但言唐人相傳而廟立亦莫知其詳嗚呼如乃神也者妙萬物而無不在焉先天地而無始後天地而無終然厥山之下梵里許有行祠馬鄉人便於香火而建也地勢清幽林木森爾時或享祀畔越之餘凉蔭之下聚享神會有天下王樂而雍以言者也不有以見神人之胥悅乎悅則和矣和氣致祥無盛于茲此豈以稔也安以享也天変不作而雨暘之時若也厥廟之建肇自元四年孟冬吉日至今凡風雨將有聞然神仰有獻殿卑隘享祀之期不足以容衆鄉耆康公諱珎輩相與言曰祀神所以報本也設廟所以依神也廟圮而弗飾神無所依矣安在其能報本也哉僉謀飾之且大其制爲各捐己資鳩工而四方之人協力輸財相從事者不約而同諸公親督其事自正殿及兩廊三門墻垣四圍供備像補丹紫然堊煥然一新因獻殿卑隘而改作之巍然大觀始足以容禮之衆矣厥功告成康公輩復相謀曰茲廟之建也元人白子美輩首其事而立石於西鄉舉張周衡爲文以誌之示不忘也我輩雖與後世相遠也而心與事實有續也相感而相同者可得不勒石而誌之乎於是命工制碑命予爲文予適規黃之期也浮湯其事而樂爲之言且觀諸公事之誠理之功視元人白子美輩益光碑期之立倘隱然相依者焉故備書而誌之云

梁山高良秀撰

燒泉康國卿書

竹溪王宗岳篆

選擇陰陽張時□ 本州石工馮貴 世鄉刊

嘉靖十九年歲次庚子七月十五日立

141. 重建天龍八部廟記

立石年代：明嘉靖十九年（1540年）

原石尺寸：高188厘米，寬79厘米

石存地點：吕梁市方山縣北武當鎮廟底村

〔碑額〕：重建天龍八部廟記

重建天龍八部廟記

神以龍名，神之正也。盖能騰百川，雨天下，厥功懋哉。我州吕梁，古望山也。大禹敷治水之功肇基於此，故今有禹迹存焉。山之南，秀峰秃出，俗名萬松，吕梁之支也。四圍拱翠，白雲岫吐，真而静，幽而寂，靈异之所也。上有古廟屹然，神曰八龍，謂其大旱作霖雨，敷神功於八方者也。而兹土庇賴尤甚，有禱即應，雨暘時若。容有外境亢旱，赤地千里，饑饉相望，而兹土獨免，永享豐稔之福。嗚呼，救灾捍患，不可謂無功也，而功不可謂不大也！而夫人歲時享祀，香火對越，非諂也，顧理也哉。但是廟之建，莫知其原。予昔聚生徒修業於是山也，溯其原而弗得。但觀東壁有碑，鄉舉高公諱鉉所作，予先君諱鵬所書也，特敘其重建之意耳。是廟之立，弗知其詳。西壁有碑，太守范公所作，特敘禱雨輒應之意耳。是廟之立，弗知其祥。山頂有古碑，但言唐人相傳，而厥廟之立，亦莫知其詳。嗚呼！毋乃神也者，妙萬物而無不在，先天地而無始，後天地而無終歟？厥山之下，越里許有行祠焉，鄉人便於香火而建也。地勢清幽，林木森霨，時或享祀對越之餘，凉蔭之下聚享神會，有天下至樂而难以言者，兹不有以見神人之胥悦乎。悦則和矣，和氣致祥，無惑乎兹土豐以稔也，安以寧也，天变不作而雨暘之時若也。厥廟之建，肇自元至正四年孟冬吉日，至今風雨凋弊，將有傾圮之勢，而中有獻殿卑隘，享祀之期，不足以容衆。鄉耆康公諱珍輩，相與言曰："祀神所以報本也，設廟所以依神也。廟圮而弗飭，神無所依矣。安在其能重本也哉！"僉謀飭之，且大其制焉。各捐己資，筮日糾工，而四方之人協力輸財、相與從事者，不約而同。諸公親督其事。自正殿及兩廊、三門、墻垣，四圍俱備，修補丹朱黝堊，焕然一新。因獻殿卑隘，而改作之，巍然大觀，始足以容瞻禮之衆矣。厥功告成，康公輩復相謀曰："兹廟之建也，元人白子柔輩首其事，事畢而立石於西，鄉舉張周衔爲文以誌之，示不忘也。我輩踵其後，世相遠也，而心與事實有曠世相感而相同者，可獨不勒石而誌之乎？"於是命工制碑，命予爲文。予適槐黄之期也，深嘉其事而樂爲之言。且觀諸公重本之誠，經理之功，視子柔輩益光。碑期之立，有隱然相符者焉，故備舉而誌之云。

梁山高良秀撰，煖泉康國卿書，庠生竹溪王宗舜篆。選擇陰陽張鋭。本州石工馮實、賀世那刊。

時嘉靖十九年歲次庚子七月十五日立。

142. 鹽池詩刻

立石年代：明嘉靖十九年（1540 年）
原石尺寸：高 37 厘米，寬 82 厘米
石存地點：運城市鹽湖區

鹽池
天外中條千萬重，山根漻泬瑞池通。
冰寒水浸三更月，珠碎花迎一夜風。
戰雪玉龍爭退舍，調梅金鼎見全功。
可憐煮海人先老，不識生生有太空。
古黟舒遷。
嘉靖庚子冬十二月吉。

庚能社增修井泉記
易曰天一生水又曰山泉出[illegible]蓋民非
水火不生活社居民者百餘家共汲一
泉泉距社東南里許深以丈計恒取無
窮焉嘉靖庚子冬逹辛丑之夏五月亢
陽不雨萬泉咸涸屋民宋氏女者下井
取之亂石伏身井傾幾深來者報其父
省祭周儒速倡民五十餘孫思義周文
魁宋文昇等擁衆甃石捲土拯之至夜
半出焉於戲天乎人復生矣遂之浚井及
泉本社各捐貲命工陳增基以石焦倫
甃以磚僅濶二丈瀑水救出歛灩如故
命男生員周箎序碣以識歲嘉靖二十
年六月弌日也郭才道鐫

143. 庾能社增修井泉記

立石年代：明嘉靖二十年（1541年）
原石尺寸：高39厘米，寬54厘米
石存地點：晋城市澤州縣大東溝鎮

庾能社增修井泉記

《易》曰："天一生水。"又曰："山泉出艮。"盖民非水火不生活。社居民者百餘家共汲一泉。泉距社東南里許，深以丈計，恒取無窮焉。嘉靖庚子冬達辛丑之夏，五月亢陽不雨，萬泉咸涸。居民宋氏女者，下井取之，亂石伏身，井傾幾泯，來者報云。父省祭周儒速倡民五十餘，孫思羲、周文魁、宋文昇等擁衆礱石捲土拯之，至夜半出焉。於戲天乎，人復生矣！遂浚井汲泉。本社各捐資，命工陳增基以石，焦倫甃以磚。僅淵二丈，瀑水数出，瀲灩如故。命男生員周篪序碣以識。

時嘉靖二十年六月一日也，郭才道鐫。

144. 龍王廟碑

立石年代：明嘉靖二十三年（1544 年）
原石尺寸：高 130 厘米，寬 68 厘米
石存地點：大同市靈丘縣上寨鎮口頭村龍王廟

大明國山西大同府蔚州靈丘縣□寨里焦澗口村河南龍王廟壹座，且於弘治六年，先倍鄉民……等重修廟堂，至今数載。於矣国太［泰］民安，□有住地善友明陽，見得龍王廟缺少碑記，謹發虔心，普化四衆人等，同發虔心，喜捨資財，建立石碑之記。奚後托龍王護國□民，□□□風調雨順，萬萬載永樂平安。石碑之記矣。

（以下碑文漫漶不清，略而不録）

嘉靖貳拾叁年三月廿八日立碑記。

紫栢龍神重修廟記

145. 重修紫柏龍神廟記

立石年代：明嘉靖二十三年（1544 年）

原石尺寸：高 115 厘米，寬 68 厘米

石存地點：陽泉市盂縣萇池鎮芝角村紫柏龍神廟

〔碑額〕：重修紫柏龍神廟記

紫柏龍神重修廟記

山不在高而貴神，水不在深而貴靈。□□也，水亦物也。夫何爲而神，□□□□□？盖必有假之者。不然，山無情也，水亦無情也，夫何……而灵也？遠縣治西北二十里……其高壓於衆山，山下有泉出，源……龍王神祠間。鄉居附近者，亢旱……每獲休應。考元至元石刻，亦不詳創置緣由。特……□建廟處曾有紫柏一株，鐵幹虬枝，形殊怪异，陰晦出雲霧淪靄。其上泉右石乳一龕，注角垂文，色若圖畫，開□□後，光彩視昔尤著，意者山之中必有龍伏，而紫柏考□□所培，以昭其神與？泉之中必有龍潛，而石乳者，精之所鍾，以顯其灵與？或謂龍居龍池之山，食玉花之樹。龍行處，薄日月，伏光景，震雷電，摇山岳。區區芝角之山之泉未必其潛處也。曰：神龍或潛或飛，能大能小，伸屈無常，变化不測，袖中可蟠。而况山間匪高，亦有茂林深邃，泉固匪深，亦有清流激湍，與昔人□言至□驗。□□者稱爲紫□，龍神所見亮不出此。山南王家庄鄉耆王□、王鎰、王鉞、王侯等，山北長池南村鄉□韓得財、韓得銀等，因其廟宇頹壞，慮無以興來繼往，各出己財，量加修葺，亦志禮存羊之意也。工訖，囑余爲文，鐫石以昭後……文公除之橋下之蛟，周處得之爲民害也。有龍於此山，假之而神水，假之而灵雲雨施焉。澤被生民，功参造化，視彼朝引之□，橋下之□利害悬殊萬萬矣。廟而像之，神而祀之孰曰不宜。□是乎紀。

甲午科鄉……古盂後學庠生賢王同□。

（以下石匠、木匠等人名因漫漶略而不録）

時嘉靖二十三年歲次甲辰庚午月吉旦立。

146. 昭告風伯雨師碣

立石年代：明嘉靖三十年（1551 年）
原石尺寸：高 49 厘米，寬 119 厘米
石存地點：朔州市朔城區崇福寺文管所

……三月己丑朔，朔州知州王□□敢昭告於風伯雨師之神曰：

惟巽爲風，所以鼓舞萬物者也；惟坎爲雨，所以潤澤萬物者也。群黎所以瞻仰以□□，□皇天所以依憑以養育群黎也。往歲庚戌，恒風振蕩，萬物披靡，風失所職；雨澤渴竭，萬物枯槁，雨失所職。久大饑，群黎殍餓。辛亥仲春，農事始作，又風沙連播，雨澤匱缺。未□□獲耕耰，已種未獲甲芽，萬物何所資藉以發生？群黎何所瞻仰以養育？若風烈不已，雨亢不濡，群黎其無子遺矣乎？詎不有失群黎之瞻仰，亦詎不孤皇天之依憑也耶。綱紀造化，根底品彙，固皇天之擅其柄，而所以啓沃帝意，宣敷德令。又不能不有藉於風伯、雨師之神機斡運，抑安能以獨諉其吉耶？職不職以致造化之失職，延及群黎之失仰，職之咎固爲難追。惟風伯、雨師歲享大祀，亦爲可不克盡厥職而獨忍萬物之失仰也耶！伏乞顯布神機，旋轉造化，風威少息，雨澤大布，俾旱魃不得以煽妖，萬物俱獲以發萊，群黎有所瞻仰以養育，皇天亦有所依憑以養育。群黎于神心獨不佼乎？神其照鑒，尚享！

歲在辛亥仲春，民食惟艱，時風猛雨缺，農事弗遂，民情益倉□莫措，職憂焉。爲壇于城隍廟，設風伯、雨師神位，具少牢，率僚属以祭。是夕風息乃雨，始獲播種，民乃悦。職之以見神靈感應之若兹。

147. 建應雨亭卧碑

立石年代：明嘉靖三十一年（1552 年）

原石尺寸：高 32 厘米，寬 70 厘米

石存地點：朔州市朔城區

嘉靖己酉夏……董朔，政通時……旱魃作孽，火雲煽妖，種……萌，黔□□□瘁乎。予憂焉，集耆耄率僚属爲□于城隍廟致齋禱焉。甫一日，霖雨……播而耰而芽而甲而拆，民……明年庚戌秋七月，再不雨，復……不□朝，雲行雨施，再應焉。及辛……旱□□甚，民情皇皇，予又糾衆致齋，□□□終日，膏雨敷施，又應焉。三歲間，凡三旱三禱焉，應捷如桴鼓，歲獲大穰，秋夏收□。予列郡……夫寂然不動，神之□也，□□而遂□□□□也，故弗患弗雨，患弗□□，神之神顯□□□何如耳。于是捐己資，易料物，構□亭□□□□院，名應雨亭。諸耆耄曰：我后□廉以納□，和以納物，仁以撫馴，法以□奸，動□守□，功□□民，德孚于神。故旋禱旋應，□理□民，□政放民，怠雖齋胡犬子□□心慚于色□，予無一于此爾。耆耄之阿……以□□自責，既雨既濡。善□！予之能□□□□，予之敢任者也，予之致齋思，□之過□□□□而改神或……

……歲春三月。

明（二）

重修閘橋

自古國邑之建必先視其泉之所在是以公刘創京于豳之初相□其流泉先下其□之便
而後居之也故吾夫子贊易序井卦必次于居之後誠以困乎上者□反下故受□以水□在上
者莫如泉也次所以防困也為居民者往往艱於泉飲其源自出馬頭山龍祠之前晉靈公□城之
側雖村四里成工修之開渠引水演漾□尾接流混混不捨晝夜下注村中食井之南劃以二沼蓄
為坡澤飲飼牛羊澣濯衣物濯纓濯足各從所宜用之無窮取之不竭澤潤無極閻村民永享其利
自昔大安三年重修葺迄今千餘百載豈無廢哉今亦重修橋廟依古碑記載官准印押立□路□
其中有遺古規或更改毀壞截水澆灌蔬稼作踐食水其許水頭起官依律罰罪將水泉次南崗□□路水
沖成溝以獨木浮渡不久朽腐其水斷流則人畜困缺甚有負擔之勞其水頭原選寺留心日久匪
力弗克議閻村協力各捐家資鳩材命工灰石壘砌橋路堅固不朽也有泉因弗廟廟以祀神神以
保祐若非幽而有神以為之主宰奚憑明而弭患以仰其揄揚也此邦國所以必有之神以莫斯土
其廟頹弊人心之敬謄建立久遠因矮小傾頹不堪經營可緩添材換木搬甎運瓦更移旋址以小
易大摛挖花校塑繪神像金光耀目輝煌□法煥焉惟新率皆完美不可無文刻諸貞珉用昭永遠
慣乱敘之且以告後修水君子無斯觀之損而葺之疏通凝滯不致水困之患以為億兆之鑑
皆大明嘉靖三十四年歲次乙卯孟夏吉旦立碑

馬峯寗邦憲書并篆額

水老人□□遜

助緣人

寗希忠銀四兩四分
寗果銀三兩五分
寗希俞銀二兩□
寗思□銀二兩四分
寗□銀三兩□□

河北石匠寗□□刊

148. 重修廟橋碑記

立石年代：明嘉靖三十四年（1555年）
原石尺寸：高101厘米，寬54厘米
石存地點：運城市新絳縣北張鎮北董村觀音堂

〔碑額〕：重修廟橋

自古國邑之建，必先視其泉之所在。是以公刘創京于豳之初，相□□□，觀其流泉，先下其水泉之便，而後居之也。故吾夫子贊《易》序井卦，必次于居之後，誠以困乎上者，□反下故受□，以水物之在山者，莫如泉也。次所以防困也，爲居民者，往往艱於泉飲。其源自出馬頭山龍祠之前，晋靈公故城之側，離村四里，成工修之開渠，引水瀇瀶，瓴瓦接流，混混不捨，晝夜下注。村中食井之南，剞以二沼，畜爲坡澤，飲飼牛羊，澣濯衣物，濯纓濯足，各從所宜，用之無窮，取之不竭，澤潤無極，闔村之民，永享其利。自晋大安三年重修葺，迄今千餘百載，豈無廢哉。今亦重修橋廟，依古碑記載，官准印押，□立渠路。其中有違古規，或更改毀壞，截水澆灌蔬稼，作踐食水，其許水頭赴官，依律罰罪。將水泉次南崗□渠路水冲成溝，以獨木浮渡，不久朽腐。其水断流，則人畜困缺，甚有負擔之勞。其水頭原遜等留心日久，匪力弗克，議闔村協力，各捐家資，鳩材命工，灰石壘砌，橋路坚固不朽也。有是泉罔弗廟，廟以祀神，神以保佑。若非幽而有神以爲之主，牽奚憑明，而弭患以仰其揄揚也。此邦國所以必有之神，以奠斯土，其廟貌繫人心之敬瞻，建立久遠，因矮小傾頽，不堪經营，可緩添材換木，搬甓運瓦，更移旄丘，以小易大，操挩花板，塑繪神像，金光耀日，輝煌勝法，焕焉惟新。率皆完美，不可無文，刻諸真珉，用昭永遠。憒乱叙之，且以告後修水君子，庶斯觀之損而葺之，疏通凝滯，不致水困之患，以爲億兆之鑒。

馬峰甯邦憲書并篆額。

水者人原遜。

助緣人：甯希忠銀四錢四分，甯果銀三錢五分，甯希俞銀二錢七分，甯思銀銀二錢四分，甯天瑞銀二錢三分。

河津石匠甯廷宗刊。

時大明嘉靖三十四年歲在乙卯孟夏吉旦立碑。

149. 新改雙益河碑

立石年代：明嘉靖三十四年（1555 年）
原石尺寸：高 142 厘米，寬 77 厘米
石存地點：臨汾市堯都區魏村鎮和村

〔碑額〕：新改雙益河

平陽府臨汾縣平水都土門北東羊等里和村，原係東郭南里，爲因地土脊薄，兼遭天時亢旱，粮草不能完納，喫食每歲不接。嘉靖三十一年過州歸并兹里。本村西南古有山河一道，每年六七八月忽有暴雨驟降，猛水自西郭、魏村流來，本村南河經過，流於郭村、吴村，投於汾河，勢大衝漫兩岸，水田無益有損。及見本村村東地土脊薄，每歲所收，上不能完納國税，下何能顧養家口？衆議要將南河修築堤堰，挑渠邀引前水澆灌村東地土之間□□東郭村河，流於吴村，投入汾河。又□巡抚明文修□□禀□□本縣行令，鄉人陳轉等，夆保渠頭陳添佐、賀文通，甲頭陳景玉、陳文用、陳保山、陳添爵、陳綵、靳得倉、賀文玉、陳添佑，此地名陳口、陳保山地起，每地二十畝起夫一名，至孫寬、賀文通地止。自嘉靖三十二年二月十二日起，修築三個月零十六日；三十三年二月十二日興工二個月三日；三十四年二月十九日興工，四月十五日完備。其堰根厚六丈，高三丈五尺，頂闊一丈，東西長四十三丈五尺；渠深五丈，寬六丈，東西長一百五十丈；南北兩岸堆土地各二丈。每日用工八十，通計做工二百三十日，共用一万七千六百工。如遇水□，自上而下輪流澆灌。若有重澆搀越，許渠頭呈禀，以水例罰治。切思原保渠頭陳添佐等，日用自己之食，無毫髮侵漁之弊，勤勞显著，無以酬答，刻碑書□，□爲傳示。日後有□□□，均當感之矣。

□□明嘉靖三十四年歲次乙卯四月吉日。

重修觀音記

重修觀音堂記

[illegible]惟[illegible]之陽曰北董者一方之[illegible]也其[illegible]巍峩其形[illegible]逶迤鍾天地之英[illegible]陽之精與廟者神之依也嘗盡柳亦居民稟質朴之性懷肅慎之誠而禮詩神也常敬乎不然何應之速故祀典曰有功於社稷則祀之有益國之依者人也人之所依者食也食者雨之成神惠也此是居民感神之惠欽廣大其廟以為祈拜之所由是村中而建廟焉其重修于成化癸值震風凌烏鼠之害而就頹剝焉有義民甯[illegible]甯[illegible]甯自浪甯朝富言曰神之惠民也如彼而人懷於神也如此不謂之萃民乎由是以稟其功各捐己貲并募施財物命工鳩材不無一新三十三年工完之後有如大元大德七年癸卯六月地動十箇月人死無數今我

朝

大明嘉靖三十四年乙卯十二月十二日夜半地震耕然天地有不測之變搖動天下山崩地陷宗室官員人畜死者萬萬無數何況神廟但塑山形聖像豈有不損壞者乎既而[illegible]謂曰前已成功因震而朽從而重復塑繪完美金光燦碧輝煌照發彩工興以完舊理新故於工而工之吉考矣衆心以廟無紀予謂神之惠於人也不可忘也於乎加人焉可刻銘以照永遠時在丙辰嘉靖三十五年也孟冬

甯邦憲書并篆文

150. 重修觀音堂記

立石年代：明嘉靖三十五年（1556 年）
原石尺寸：高 115 厘米，寬 58 厘米
石存地點：運城市新絳縣北張鄉北董村觀音堂

〔碑額〕：重修觀音堂記

重修觀音堂記

竊惟馬首山之陽曰北董者，一方之巨鎮也。其勢巍峨，其形逶迤，鍾天地之英，凝□陽之精奥。廟者，神之依也，常虚。抑亦居民禀質朴之性，懷肅慎之誠，而禮諸神也常敬乎，不然何應之速。故祀典曰：有功於社稷，則祀之有益。盖國之依者人也，人之所依者食也，食者雨之成，神惠也。此是居民感神之惠，欲廣大其廟，以爲祈祷之所，由是村中而建廟焉。其重修于成化癸卯，值震風，凌鳥鼠之害，而就頽剥焉。有義民甯輝、甯希善、甯自浪、甯朝當言曰：神之惠民也如彼，而人慢於神也如此，不謂之弊民乎？由是以專其功，各捐己資，并纂施財物，命工鳩材，焕然一新。三十三年工完之後，有如大元大德七年癸卯六月地動，十個月人死無数。今我朝大明嘉靖三十四年乙卯十二月十二日夜半地震，耦［偶］然天地有不測之变，摇動天下，山崩地陷，宗室官員、人畜，死者萬萬無数，何况神廟揑塑山形聖像，豈有不損壞者乎？既而相謂曰：前已成功，因震而朽，從而重復塑繪完美，金光耀碧，輝煌映發，徵工僦此，完舊理新，故逾月而工之告考矣。衆心以廟無紀，予謂神之惠於人也，不可忘也。於乎加灾雨石刻銘，以照永遠。時在丙辰嘉靖三十五年也孟冬立。

馬峰前七十一翁甯邦憲書并篆文。男甯習之、孫甯鈐施谷三斗，成化十九年重修，曾祖甯貴孫男。

行緣人：甯亥、男甯朝當銀一兩。甯昶、男甯自浪、孫甯時春施銀一兩一錢。甯輝、男甯受長、甯受久施銀一兩。母張氏、男甯斋善、孫甯朝聘、甯朝覲、甯朝治銀一兩三分。原郎銀一兩。

梓匠：鄭名、吕廷甫、鄭虎。塑匠：翟仲仁、姚邦静。畫匠：閆清、閆倉、王添禄。石匠：寧尚朝、南行庄甯尚礼。

嘉靖□十三年四月，重修廟宇，妝塑聖像，至□十五年十一月工畢。

明澤州便能社重修成湯廟記

明澤州便能社重修成湯廟記　　梓匠孫思信同男衡準繩斧周世和用木

澤學生員本社和齋周虎撰　　弟生員郁齋周監書　　姪生員東谷周希洛篆

便能村之東坡在唐時建寺其上寺即以東坡名時有便姓名能者不知遷自何許擇寺西曠地而居其漸繁衍及他姓者咸萃于是遂成

村落故以便能名里後寺廢遺閣利石頂醮紙石盆八角石柱原刻佛書及佛堂石碣題名者惟便姓居多今止存一息此其社之所以立

也社遣州城二十五里中有成湯廟史稱湯有七年之旱禱于桑林之埜其相伊尹訪之登社東北即今俗傳伊侯山也社居南枝山[illegible]

桑林地近陽城大析山居民常禱于此然澤在冀州之域聖人之澤萬世不泯至今崇祀未[illegible]不宜其廟創始于金泰和迄皇慶癸丑間[illegible]

殿三間廊房十間拜殿一所大門三間繚垣南北若干丈東西僅三之一記略如此然世代[illegible]遷興廢不常又元至治己卯增修正殿七[illegible]

門東西室爲子孫祠三楹西蠶姑祠如之李惠有記入我

大明景泰七年徹正殿虛簷[illegible]廊豁然明敞正德壬申其兩廊大門孫祿周書周[illegible]周文昇等咸有修葺至嘉靖乙巳擺其[illegible]殿廡垣[illegible]

土以磚基甃以石甲寅春宋文昇文德周文魁文淵暨糾工孫思義思信補址開[illegible]因展夏大使周邦致政旋里復協于韓村[illegible]周墳等[illegible]相[illegible]

人依神以妥神依人以血食是廟雖修于歷代而未見完美吾人有增益之[illegible]既各捐己貲鳩工領材凡傾者起之缺者補之煥然一[illegible]

耀于人目由今視昔而功倍前時矣是事後始于嘉靖三十年春正月相繼落成于戊午秋九月其間代有修葺雖或淺深之[illegible]同而功德之[illegible]

在人者要之不可泯也悉登記之以昭來世嗚呼天理常存而人心所以不死自夫氣拘物蔽則有時而息矣苟能充之于[illegible]

乎哉吾社諸君子敬以事神乃其善端之發見者也由是而推之綱常倫理之間事物細微之際將無所往而不善矣否則此[illegible]

焉亦暫存暫息者之流不過以徼福爲意耳雖有所爲是奚足哉因併記之以望夫同俱是姓者凡厥施與咸勒名于碑陰

大明嘉靖三十七年歲次戊午冬十月上浣之吉立　　石工郭鑑鐫　陳伯[illegible]造　　畫工陽城李遇陽繪

151. 明澤州庚能社重修成湯廟記

立石年代：明嘉靖三十七年（1558 年）
原石尺寸：高 173 厘米，寬 75 厘米
石存地點：晋城市澤州縣大東溝鎮庚能村

〔碑額〕：明澤州庚能里重修成湯廟記

明澤州庚能社重修成湯廟記

庚能村之東坡在唐時建寺于其上，寺即以東坡名。時有庚姓名能者，不知遷自何許，擇寺西壙地而居，其漸繁衍，及他姓者咸萃于是，遂成村落，故以庚能名里。後寺廢，遺闍利石頂、醮紙石盆、八角石柱、原刻佛書及佛堂。石碣題名者唯庚姓居多，今止存一息，此其社之所以立□也。

社違、州城二十五里中有成湯廟。史稱湯有七年之旱，禱于桑林之野。其相伊尹訪之，登社□東北，即今俗傳伊侯山也。社居西南枝山□桑林地，近陽城大析山，居民常禱于此。然澤在冀州之域，聖人之澤，萬世不泯，至今崇祀，未爲不宜。其廟創始于金泰和，迄皇慶癸丑間。建□殿三間，廊房十間，拜殿一所，大門三間，□垣南北若干丈，東西僅三之一，記略如此。然世代屢遷，興廢不常，及元延佑乙卯，增修正殿七……門東翼室爲子孫祠三楹，西蠶姑祠如之，李惠有記。

入我大明，景泰七年，徹正殿虚櫓爲廊，豁然明廠。正德壬申，其兩廊、大門，孫禄、周書、周廷、周文昇等咸有修葺。至嘉靖乙已，懼其僦圮，殿廡垣□，□土以磚，基甃以石。甲寅春，宋文昇、文德，周文魁、文淵暨糾工，孫思義、思信補址。間丙辰夏，大使周邦致政旋里，復協于韓桂、周塤等謀，相謂□："人依神以默相，神依人以血食。是廟雖修于歷代而未見完美，吾人有增益之志。"言既，各捐己資，鳩工湏材。凡傾者起之，缺者補之，焕然一□，耀于人目。由今視昔，而功倍前時矣。

是事役始于嘉靖三十年春正月，相繼落成于戊午秋九月。其間代有修舉，雖或淺深之不同，而功德之在人者，要之不可泯也，悉登記之，以昭來世。

嗚呼！天理常存而人心所以不死。自夫氣拘物蔽，則有時而息矣。苟能充之于一念之教□，□遠乎哉？吾社諸君子敬以事神，乃其善端之發見者也。由是而推之綱常倫理之間，事物細微之際，將無所往而不善矣。否則，此□□□□焉，亦暫存暫息者之流，不過以徼福爲意耳，雖有所爲，是奚足哉？因併記之，以望夫同俱是姓者。凡厥施與，咸勒石于碑陰。

澤學生員本社和齋周篪撰，弟生員郁齋周監書，侄生員東谷周希洛篆。

梓匠孫思信同男衡準繩并周世和用木。

石工郭鑑鎸，陳伯清造。

畫工陽城李遇陽繪。

大明嘉靖三十七年歲次戊午冬十月上浣之吉立。

152. 陶唐谷各村用水碣記

立石年代：明嘉靖三十八年（1559 年）

原石尺寸：高 50 厘米，寬 70 厘米

石存地點：臨汾市霍州市

霍陶唐□有王泉水利，舊□□□，□許□□□，□田不足。

一偏墻村、张家增垛、湾里、一成村、一如村、窑子頭、一青郎村，每分輪流七日，歷有□□，爲定規。至嘉靖三十八年六月内，如村民刘廷玉、刘□清等，糾衆創開新渠，截流水道，澆灌旱地五十余畝。窑子頭地户李润等，具实赴告本州。蒙知州老爹褚盡心民瘼，問断如律，命典膳官馬□梧督工，令窑子頭各地户建亭树碑于陶唐谷避暑行居，爲永久……人民公沐利□，而我賢父母一体子□之仁……而无窮矣。仍將輪流水利日期開列於後：

一成村每輪使水七日；一青郎村每輪使水七日；一如村及窑子頭每輪使水七日，每村三日半；一偏墻村、张家增垛、湾里三村每輪使水七日。

嘉靖三十八年八月吉日立石。

洸水渠
圖說

153-1. 涑水渠圖説碑（碑陽）

立石年代：明嘉靖四十二年（1563 年）
原石尺寸：高 139 厘米，寬 61 厘米
石存地點：運城市聞喜縣侯村鎮元家園村宋氏祠堂

〔碑額〕：涑水渠圖説

洪武二十一年五月二十一日，晋寧里宋得昭置到義寧里喬寺村、喬順村□庵北涑水河南青口東地一畝，東西畛，東至道，東北至渠口，南至業主，西至祖渠，北至業主，過粮一斗七合，用價絲綫四十匹，即過文契存照。

嘉靖三年四月日，晋寧里趙武、宋蓁等又置到義寧里喬寺村王岩、張金、劉文等村北河灘地三畝，東至王岩，南至業主，西至宋得昭青口，北至河長寫，遠近二百四十□，闊三步，用價銀一十八兩，認粮三斗二升一合，官印文契存照。

涑水渠圖説

按涑水發源絳縣横嶺關烟庄谷□，本縣義寧里喬寺村地方截河堵堰，有古渠二道，續渠二道，澆灌晋寧、荣田、美分等里田地，三十二日爲一輪，一晝夜爲一番，每番人工四个，每个爲十分。日出日落，交番中間，不足一番者，分毫厘數，焚香爲則，始于有宋熙寧間，嘗有刻石在景雲宫，爲不義之徒多所刊剥，竊爲病之。且喬寺雖居上流，各不相侵。其渠傍種樹開稻，秸槹水斗，决渠剖堰，皆非彼所得臆逞也。予既休致，買田于晋寧里之元家院村，特爲申明其事，既以呈縣置牌，革而正之。復謀鎸石，以垂不朽。或有豪强把持，因而致訟，司主者據而考焉，思過半矣。

嘉靖癸亥仲冬壬寅日，南至東野老農李汝重書。

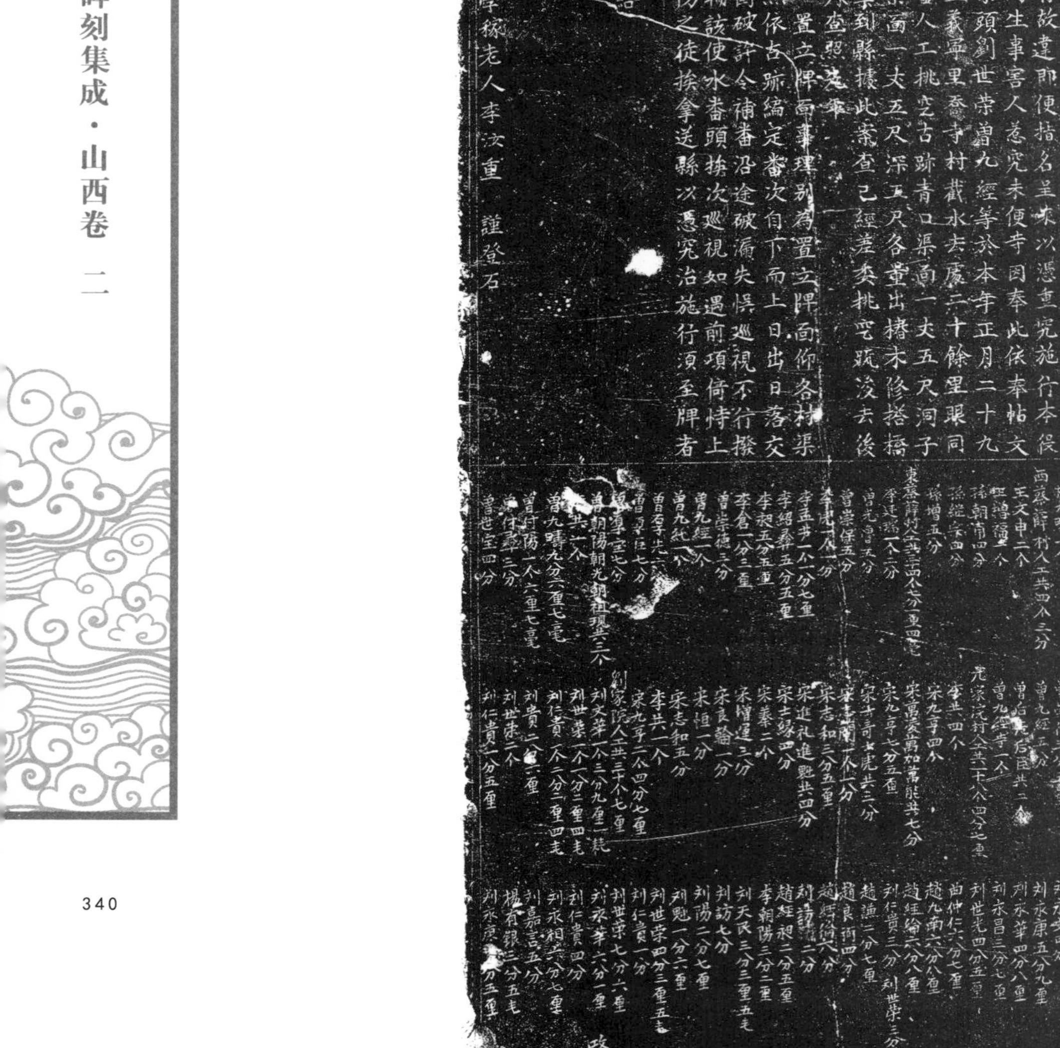
水利人工
碑帖碑記

153-2. 涑水渠圖説碑（碑陰）

立石年代：明嘉靖四十二年（1563年）
原石尺寸：高139厘米，寬61厘米
石存地點：運城市聞喜縣侯村鎮元家園村宋氏祠堂

〔碑額〕：水利人工牌帖碑記

聞喜縣知縣李，爲疏通渠道以便澆灌事，據本縣帖，委渠頭老人宋九亨呈奉本縣帖文前事，據晋寧等里劉世荣、曾九經等告称本縣，涑水河源截河堵堰，有古渠四道，澆灌晋寧等里蔡薛等村田地，見有先年本縣置立牌面并帖説圖本存照。近因天雨淋潦，漲漫淤塞，渠道不通。即今春動農興澆種麦豆，欲要挑挖疏浚，恐有豪强倚恃上流，在於渠路兩傍栽植樹木，私種稻穀，侵占渠路，阻滯水利，未便懇乞給帖。照例坐委管渠老人督同各村渠頭，照依原額番次，糾喚夫役人等，趁時興工，挑挖疏浚，以便澆灌等因爲此帖。仰管渠老人宋九亨公同各村渠頭，照依原額番次，糾喚夫役，趁今農工方興，併工挑挖疏浚，以便澆灌。務要深廣如法，期在水利必行。如有前項强梁之徒倚恃上流，侵占官渠栽植樹木，私種稻穀，阻滯水利，即令斫伐疏浚。敢有故違，即便指名呈來，以憑重究。施行本役，亦宜秉公督勸料理，不許因而生事害人，惹究未便等因。奉此依奉帖文内事理，親詣渠道地方公同渠頭劉世荣、曾九經等，於本年正月二十九日，自晋寧里蔡薛等村起工，至義寧里喬寺村截水去處二十餘里，眼同踏勘。省令用水之家，各照水番、人工挑挖古迹青口渠面一丈五尺，洞子渠面三丈，深一丈二尺，長行渠面一丈五尺，深五尺。各量出椿木，修搭橋梁。至月終工完，呈繳等因，呈禀到縣。據此案查，已經差委挑挖疏浚去後，今呈前因，擬合通行。爲此除外，查照先年本縣知縣姚、張、杜、羅置立牌面事理，别爲置立牌面。仰各村渠長執牌前去，遇水到日，即便照依古迹，編定番次，自下而上，日出日落，交番輪流澆灌民田。如有天雨衝破，許令補番，沿途破漏失悮巡視，不行撥補。永爲定規，常川遵守。仍仰輪該使水番頭挨次巡視。如遇前項倚恃上流情弊，及乘隙挾讐盗决河防之徒，挨拿送縣，以憑究治。施行須至牌者。

嘉靖四十二年二月初八日。給縣一□。

文林郎前知陝西保安縣事學稼老人李汝重謹登石。

計開水三十二番，溉地二百五十六畝。

元家院村宋得昭青口水一番頭使。宋蓁七分五厘，劉永華二分五厘，宋九亨三个。侯村人工共二十个，楊汝魁五分，楊汝嘉一个五分，楊繼志五分，楊欽祖十个三分，楊欽佑、欽奬、欽柏共四个，曾九經七分，楊遇周一个，楊九疇一个。西蔡薛村人工共四个三分，王文申二个，王增福一个，孫朝甫四分，孫繼宗四分，孫增五分。東蔡薛村人工共三十四个七分一厘四亳，李廷瑞一个二分，曾光魯五分，曾崇保五分，李虎一个一分，李孟芦一个一分七厘，李紹彝五分五厘，李昶五分五厘，李倉一分三厘，曾崇德三分，曾九經一个，曾九純一个，曾厚先六分，曾厚臣七分，曾厚宝七分，曾朝陽、朝光、朝祖現共三个，□共一个，曾九疇九分六厘七亳，曾付陽一个六厘七亳，曾付彝三分，曾世宝四分，曾崇倉一分，曾崇威一分，曾却五分，曾院、曾黑子三分三厘，曾院一分四厘，曾付進一个，曾付才、付倉共三个，曾九純一个三分一厘六亳，曾九經等六分，

曾紹仁一个三分一厘六毫，曾經理七分一厘六毫，曾得宝一个，曾朝礼三个一分五厘，曾光魯五分八厘，曾崇德五分五厘，曾九經五分五厘，曾后先、后臣共二个，曾九經等一个，元家院村人工共一十八个四分七厘，李共四个，宋九亨四个，宋萬凌、萬如、萬能共七分，宋九亨七分五厘，宋士奇、士虎共三分，宋志蘭一个一分，宋志和三分五厘，宋進礼、進魁共四分，宋士緣四分，宋蓁二个，宋增運三分，宋良翰一分，宋恒一分，宋志和五分，李共一个，宋九亨二个四分七厘，刘家院人工共三十个七厘，刘文華一个三分九厘一秏，刘世荣一个一分二厘四毛，刘仁貴一个二分二厘四毛，刘貴二分六厘，刘世榮二个，刘仁貴一分五厘，刘梅七分五厘，刘永相二分，刘加有三分，刘永華三分，刘魁三分，趙九南一个七分，趙經綸一个八分，趙經敖五分，趙經昶二个三厘三毛，趙紹仁二分一厘，趙堯一分八厘三毛，趙志梅一个九厘七毛，曲廷甫八分三厘，曲進良一分八厘，刘永安四分，刘永康五分九厘，刘永華四分八厘，刘永昌三分七厘，刘世光四分五厘，曲仲仁六分七厘，趙九南六分八厘，趙經綸六分八厘，刘仁貴三分，刘世荣三分二毛，趙謙二分七厘，趙良弼四分，趙經倫六分，趙訪二分，趙經昶二分二厘，李朝陽三分二厘，刘天民三分三厘五毛，刘訪七分，刘陽二分七厘，刘魁一分六厘，刘世榮四分三厘五毛，刘仁貴一分，刘世荣七分六厘，刘永華六分一厘，刘仁貴四分，刘永相六分七厘，刘嘉言五分，楊有銀三分五毛，刘永康□分五厘，趙九思六分，趙經敖五分一厘，趙九南五厘三毛。下吕村人工共一十二个，喬節一个，白廷綾五分，喬魁五分，張欽禄一个，張志相五分，白廷美五分，喬節三个二分五厘，喬仲賢二分五厘，喬節三个，裴謙一个。

送牌人曲善、曲文秀等施渠水一晌。

各村渠頭：侯村楊欽祖，西蔡薛村王文申，東蔡薛村曾九經、曾孟達，元家院村宋九亨，刘家院村刘仁貴、趙經昶，下吕村喬節。

攻石：楊松林、趙清、高朝京、胡來。

聞喜縣知縣李 為疏通渠道以
亨呈奉本縣帖文前事據晉寧寺
源截河堵堰有古渠四道澆灌晉
置立牌面並帖說畫本存照近因
動農興澆種麥豆欲要挑空疏浚
植樹木私種稻穀侵占渠路阻滯
人督同各村渠頭照依原額畜次
便澆灌等因為此帖仰管渠老人
斜喚夫役趁今農工方興併工挑
水利必行如有前項強梁之徒倚
阻滯水利即令斫伐疏浚敢有故
亦宜秉公督勸料理不許因而生
內事理親詣渠道地方公同渠頭
日自晉寧里蔡薛等村起工至義
路勘省令用水之家各照水畜人
渠面三丈深一丈二尺長行渠面
梁至月終工完呈繳等因呈稟到
今呈前因擬合通行為此除外查
本縣知縣姚 張 杜 羅 置
長執牌前去遇水到日即便照依
番輪流澆灌民田如有天雨衝破
補永為定規常川遵守仍仰輪該
流情弊及乘隙挾讐盜決河防之

《涑水渠圖説碑（碑陰）》拓片局部

平陽府霍州為乞均水利事蒙
巡河東道僉事楊 批據仁三等呈[illegible][illegible][illegible]福
守河東道左參議谷
等連名告前事隨將渠長王浮等通拘到[illegible][illegible]揭本
州汾河西白龍村地土俱係在城仁二仁三里三處
人民佃種舊通一渠接引汾水澆灌[illegible][illegible][illegible][illegible]
郱俊踏勘得閆伯千宋福等所告地畝自比灣至[illegible]
上澗共地八百畝澗南至南官路共地五百四畝二
分五釐路南至小渠地九百八十四畝三處共地
二千二百八十八畝二分俱在汾河轟上澗引水澆
灌並無泉源造冊呈繳到州本州署印吏目李親
詣本村引水渠堰地畝處所從公復與前相同在
城地土在上截仁二地土在中截仁[illegible]地土在下截
因渠窄堰底水流不深上截澆通恐下截未過除
今渠長地户先行修理外公議分日使水每晝夜可
澆地二百畝以十一晝夜半為一輪上截八百畝分
使水四晝夜中截五百四畝二分使水三晝二夜下
截九百八十四畝使水五晝夜自上而下輪流澆
灌週而復始倘遇河水泛漲衝塌渠堰各渠長即便
督率地户無分彼此協同修理完日仍照前分水日
期補灌庶絕後詞具申照詳蒙
分守河東道批既查分均平准如擬行仍立石以垂
永久并候
巡道詳示繳又蒙
分巡河東道批據申該州討各[illegible]畝分日使水已得
均平如擬行令刻石永為遵守若有勢豪強占水利
者許指名申來以憑拿問重治此繳為此刻石以示
悠久
工房吏王天倉 馬[illegible] [illegible][illegible]
霍州知州何思閔 閆益 蔣章 閆世渭
渠長 王浮 溝頭 鄧奇 聶福
[illegible][illegible]十[illegible]年六月二十[illegible]日立石 段經 安邦直

154. 平陽府霍州爲乞均水利事碣

立石年代：明嘉靖四十三年（1564 年）

原石尺寸：高 70 厘米，寬 100 厘米

石存地點：臨汾市霍州市署仪門北墻西側

平陽府霍州爲乞均水利事。蒙巡守河東道僉事、左參議楊谷批據仁三等里民閆□□、□福等連名告前事，隨将渠長王浮等通拘到官，審得本州汾河西白龍村地土，俱係在城、仁二、仁三里三處人民佃種，舊通一渠，接引汾水澆灌。帖差省祭官張邦俊踏勘，得閆伯千、宋福等所告地畝，自比湾至轟轟澗，共地八百畝，澗南至南官路共地五百四畝二分五厘，路南至小溝，共地九百八十四畝。三處共地二千二百八十八畝二分，俱在汾河轟轟澗引水澆灌，并無泉源，造册呈繳到州。本州署印吏目李，親詣本村引水渠堰地畝處所，從公復查，與前相同。在城地土在上截，仁二地土在中截，仁三地土在下截。因渠窄，堰底水流不深，上截澆遍，恐下截未周。除省令渠長地户先行修理外，公議分日使水，每晝夜可澆地二百畝，以十一晝夜半爲一輪。上截八百畝，分使水四晝夜；中截五百四畝二分，使水三晝二夜；下截九百八十四畝，分使水五晝夜。自上而下輪流澆灌，周而復始。倘遇河水泛漲，衝塌渠堰，各渠長即便督率地户，無分彼此，協同修理，完日仍照前分水日期補灌。庶絶後詞，具申照詳。蒙分守河東道批：既查分均平准，如擬行，仍立石以垂永久，并候巡道詳示繳。又蒙分巡河東道批：據申該州計各田畝分日使水，已得均平，如擬行，令刻石永爲遵守。若有勢豪强占水利者，許指名申來，以憑拿問重治。此繳。爲此刻石，以垂悠久。

霍州知州何思問；工房吏王天倉；渠長：閆益、王浮、段經；溝頭：馬璨、严廷珠、李廷早、閆世渭、邢邦奇、聶□福、安邦直。

嘉靖四十三年六月二十四日立石。

白龍殿碑記

155. 重修白龍殿記

立石年代：明隆慶元年（1567 年）
原石尺寸：高 154 厘米，寬 73 厘米
石存地點：陽泉市盂縣北下莊鄉東麻河驛村龍天廟

〔碑額〕：白龍殿碑記

重修白龍殿記

盂之東北有二三高峰，山曰“三尖”。觀是山也，巍巍莫及，惟石岩岩，清秀嶷峻，風景可嘉，實爲盂陽之首望。凡盂之鄉社人民，登是山而一覽無遺。惟見其上有舊觀基址雖已具存，而殿宇墻垣殆將破壞。人知考曰：“此某殿也，此某廟也。”惟有名而已，皆不知修緝。惟老石神村義官郝繼祖等糾各鄉中諸人，以興建爲任。嘉靖三十八年四月初二日落成。凡林木瓦甓、繪畫工程，以若干記。至於神之行雨，出入形象，無不咸備於左右。題曰“白龍殿”也。方士有言曰：在地有四海龍王，在太虛有五方行雨龍王。議者白龍其居一乎？盖惟斯神变化莫測，神易無方，開闢乾坤，降雨澤物，遍滿十方，顯應天下。以一而分，斯無不有；以分而一，超然獨靈。繼祖惟信奉之深，故不憚劳費，成是壯麗。但見丹霞流映，寶芝生光，洋洋乎如在其上矣。予學儒者也，未嘗精其説焉，雖然，亦嘗聞之矣。况郊祀配天，宗祀配帝，考諸古制，圜丘、明堂昭焉。自後秦人立時，漢舉封禪，而方士之言始行，於尊尊親親之道，孰與説焉？孔子所謂明於郊□之禮，禘嘗之義，治天下如視諸掌，豈虚言哉？今四方在在有龍王殿，無非以其赫然有臨，感應不爽而然欤！郝繼祖富而好礼，仍其舊貫而新之，故來求爲碑文。予不敢辞，舉古今之制而告焉。謹記。

文林郎知縣張篪，迪功郎縣丞張遷，將仕郎□升盡孝，教諭王德洪，訓道吴東周、冷永華，巡捕典史王樑，儒學生員楊世青撰并書。

（以下廟主等姓氏人名漫漶不清，略而不録）

大明隆慶元年歲次□□七月十一日，義□郝繼祖同男省祭官郝永富，孫男郝明遠、郝名富同□□。

察院定北霍渠水利碑記

平陽府為水利事。隆慶二年八月初三日，蒙

巡按山西監察御史宋　批：據[洪洞]縣渠長董景輝告[稱][illegible]異趙分霍山泉水[illegible]趙七分，分水處立壁水石，兩渠各鋪[illegible]石，歷唐宋成規不紊，古碑照近。趙王廷琅將壁水寺石盡行拆去，將渠洞深，水流趙八分餘，洪二分不足，致旱田苗，國賦民命無資頼，告府委徐知縣勘明，定立陡門，卷照分趙，[刁]惡不改，乞憐民命，委廉官立碑，永為遵守等情。具告，蒙批仰平陽府查報。[illegible]府呈委趙同知、胡通判會勘得董景輝等所告山泉渠口，考驗元[天]春二年復立碑文，內載兩縣原定分水古[碑]，趙城縣[陡門]水南北闊一丈六尺一寸，深一尺七寸；洪洞縣陡門內水東西闊六尺九寸，深一尺六寸。後因年遠灰石朽壞，歷年[illegible]。北霍渠北岸砌石被水衝涮無蹤，西壁原立攔水石二尺，去其大半，以致南霍渠不及分數。拘集兩縣渠長人等丈量得北霍渠南北闊一丈六尺八分，比碑文內載多闊五寸八分，用石補砌改正，止照碑文原定闊一丈六尺一寸；洪洞縣[陡]門少闊一尺五寸，增砌補足，亦照碑文原定闊六尺九寸，并立攔水石照舊闊二尺，仍將洪洞縣多深三寸墊砌，止深一尺七寸等因。具呈照詳，蒙批：渠閘、攔水石俱照碑文改正補立，灰石匠作工費於兩縣積貯本院贖鍰罰米三七動支，事完具數繳。蒙此，遵依行令洪洞、趙城二縣備完回報訖。本年[十一]月初三日，董景輝又赴

本院[illegible]除將本告[責]治[illegible]候外，仍[鈞]語分付本府復勘。本府依蒙親詣董景輝等所告渠口處所，公同二縣官吏渠長人等[察]得[illegible]趙城、洪洞二縣陡口闊狹分數相合，然洪洞所爭者惟在新增門限一石耳。然此石之立，蓋照依古碑以南霍渠地勢[低]下[illegible]必增此石而後均平耶？於陡門當中定立水平，量得南霍渠果低一寸，此石似不可不立矣。洪洞縣之人又稱陡口[illegible]中地勢[illegible]高[illegible]雖[illegible]如各五尺量之[illegible]於北，較量兩渠地勢俱無高下，則門限石似無謂也。但趙城之人堅不肯去此石，不[illegible]將[illegible]西[illegible]攔水石與之俱去。蓋此石雖古碑所無有，而[歷]年以來已經損沒，近雖添立，高不過三寸，留之亦無甚[礙]。[illegible]貼後各[立]一石，而渠始無異詞。及審兩渠渠長近來屢[變]相爭，詢何各稱原無爭鬧，狹淺河止因不遵禁例，每私行[illegible]紛告擾。看來若無私行闊淘之事，則舊規一定，決無相爭。今撤去二石，俱照如舊，此正行所無事息爭之良法也。但門限石碑文不載，今去之，洪洞之人已無詞矣；而攔水石則碑文所原有者，恐後仍復爭立，趙城之人決不肯從，適滋多事之端。合無候[illegible]名目，於兩縣各立石碑一通，以杜後詞，庶兩河相安，官民俱便矣。將董景輝取問罪犯，具招呈詳，蒙批：董景輝依擬發落，二石俱去，誠兩便之道也，仰取兩渠揄服甘結并贖收繳。蒙此，已經呈詳去後，今蒙前因，擬合就行。為此，仰趙城縣着落當該官吏，照帖備[蒙]批詳內事理，即將發去帖文始末情詞刻石為碑，立於本廟右中，永為遵守，仍將遵行過緣由及不違依准繳查，毋得遲錯未便，須至帖者。

右帖下趙城縣[illegible]此

隆慶貳年拾貳月貳拾柒日

帖一道

平陽府知府毛自道
同知趙世相
通判胡從夏
推官劉[illegible]
司吏曹世文

趙城縣署印縣丞魏[illegible]田
主簿崔文福
教諭王大田
訓導游[illegible]同立
生員師尚友書丹
北霍渠長高大仁督工刻石
石工李邦[illegible]刊

156. 察院定北霍渠水利碑記

立石年代：明隆慶二年（1568 年）

原石尺寸：高 145 厘米，寬 76 厘米

石存地點：臨汾市洪洞縣廣勝寺鎮廣勝寺

〔碑額〕：察院定北霍渠水利碑記

平陽府爲水利事，隆慶二年八月初三日，蒙巡按山西監察御史宋批，據□□縣渠長董景暉告稱，□與趙分霍山泉水，□三分趙七分。分水處立壁水石，兩渠各鋪邊底石，歷唐、宋成規，不紊古碑。照近趙王廷琅將壁水等石盡行掀去，將渠淘深。水流趙八分，餘洪二分不足，致旱田苗，國賦、民食兩無資賴。告府，委徐知縣勘明，定立陡門。卷照今趙刁惡不改，乞憐民命，委廉官立碑，永爲遵守等情，具告蒙批：仰平陽府查報，本府呈委趙同知、胡通判會勘，得董景暉等所告山泉渠口。考驗元天眘二年復立碑文内載，兩縣原定分水古碑，趙城縣陡門内，水南北闊一丈六尺一寸，深一尺七寸；洪洞縣陡門内，水東西闊六尺九寸，深一尺六寸。後因年遠，灰石朽壞，歷年挖淘移損，將北霍渠北岸砌石，被水衝涮無踪，西壁原立攔水石二尺，去其大半，以致南霍渠不及分数。拘集兩縣渠長人等，丈量得北霍渠南北闊一丈六尺八分，比碑文内載多闊五寸八分，用石補砌改正，止照碑文原定闊一丈六尺一寸。洪洞縣前少闊一尺五寸，增砌補足，亦照碑文。原定闊六尺九寸并立攔水石，照舊闊二尺，仍將洪洞縣多深三寸，墊砌止深一尺七寸等因，具呈照詳。蒙批：深闊攔水石俱照碑文改正補立，灰石匠作工費，於兩縣積貯、本院贖銀罪米三七動支，事完具数繳。蒙此遵依行令，洪洞、趙城二縣修完回報。訖本年十一月初三日，董景暉又赴本院妄禀，除將本告責治、發府羈候外，仍鈎語分付本府復勘。本府依蒙，親詣董景暉等所告渠口處所，公同二縣官吏、渠長人等丈量，得趙城、洪洞二縣陡口闊狹分数相合。然洪洞所争者惟在新增門限一石耳。然此石之立，盖照依古碑，以南霍渠地勢低下三寸，必增此石而後均平，即於陡門當中定立水平，量得南霍渠果低二寸，此石似不可不立矣。洪洞縣之人又稱，陡口當中地勢原高，當離中各五尺量之方準。依此較量，兩渠地勢俱無高下，則門限石似無謂也。但趙城之人堅不肯去此石，不得已將南霍西壁攔水石與之俱去。盖此石雖古碑所原有，而歷年以來已經損没。近雖添立，高不過三寸，留之亦無甚益。□此易彼，各去一石，兩渠始無异詞。及審兩渠渠長近來屡屡相争謂何？各稱原無争闊狹淺深，止因不遵禁例，每私行開淘，故紛紛告擾。看來若無私行開淘之事，則舊規一定，决無相争。今撤去二石依然如舊，此正行所無事息争之良法也。但門限石碑文不載，今去之，洪洞之人已無詞矣。而攔水石則碑文所原有者，恐後日仍復争立，趙城之人决不肯從適，滋多事之端，合無候詳。允日於兩縣各立石碑一通，以杜後詞，庶兩河相安，官民亦俱便矣。將董景暉取問罪犯具招呈詳，蒙批董景暉依擬發落。二石俱去，誠兩便之道也。仰取兩渠輸服甘結，并實收繳，蒙此已經呈詳去後，今蒙前因，擬合就行，爲此仰趙城縣着落。當該官吏照帖，備蒙批詳内事理，即將發去帖文，始末情詞，刻石爲碑，立於本廟居中，永爲遵守。仍將遵行過緣由及不違依准繳查，毋得違錯！未便須至帖者。右帖下趙城縣□此。帖一晝。

平陽府知府毛自道，同知趙世相，通判胡從夏，推官劉魯。

趙城縣署印縣丞魏田，主簿崔文福，教諭王大田，訓導殷子民。同立。

生員師尚友書丹，北霍渠長高大仁督工刻石。石工李邦叙刊。

隆慶貳年拾貳月貳拾柒日。

157. 龍泉寺新修池記

立石年代：明隆慶三年（1569年）

原石尺寸：高146厘米，寬80厘米

石存地點：晋城市陽城縣北留鎮海會寺

〔碑額〕：龍泉寺新修□池記

新修龍泉寺池記

龍泉寺在縣東三十里，禪院坐北洞……如子孫之從祖父者，不可勝數。水秀……而泉水涌出，晶晶潺潺，支分派流……太軒衛田南、張慎齋、楊鎬山、栗易齋……泉凝于藥師殿之當陽以達止，觀之……請暫憩，再經其寺，閲殿宇輝煌倍昔……僧俯首唯唯，曰：惟昔我翁亶有明訓……丈裹深則六尺，當衝石橋一空，長……無何而沆沆蕩蕩，視之莫測，其許造……秉大，事菩薩現普門，奄有攸歸。是故……也。中以叩□□有橋，普慈悲以弘濟……功者乎？兹襄也，造化兩涌示象……土親撫其事。知而不舉是爲隱……

陽城縣知縣張應宿撰文，縣丞徐夢龍，主簿鄭復立……

隆慶三年己巳仲秋望旦。

158. 新建水渠碑記

立石年代：明隆慶四年（1570 年）
原石尺寸：高 120 厘米，寬 65 厘米
石存地點：臨汾市曲沃縣曲沃中學

新建水渠碑記

曲沃城南七里薛庄村，村南二里紫金山，村在山坡下，□柿樹。山谷内有水一派，流於村西溝。本村居民引水於溝東，灌溉民田，疏而爲渠，經流於村東、村北，注於池，爲牛羊飲。大雨水漲，奔騰於溝，渠爲之潰。旋修旋潰，頗……水涸霧息……哉。山川异，齊民生，其間各有所值。厥……庄村小人稀，不敢比擬於大鄉大水之巨，村□田池有水……矣。視他鄉，不猶愈哉？固爲天之所厚也，因民之所利而記之……之善夫，衣食足而後知禮義。食有所資矣，興仁、興讓……乎哉！是所望於爾鄉人也。餘［余］嘗讀書山舍，見其人之朴實可教，故□□□。

大明隆慶四年歲次庚午夏四月吉日立。

（以下姓氏人名漫漶不清，略而不録）

重脩泰華龍王廟記

祠宇之設遍天下固明且正更經秋公焚煙宗時檢祭所存者皆可敬可禮悠久
不磨者也況我
祖宗大創神人之治而此祠仍貫者豈以其土居幽僻而幸致耶鄉曈擁恋而僅
存耶亦以捍患禦災上為國家之崇報下啓民人之賴禮耳州治三舍外麻田
里也有廟建於柴城之感素曰
泰華龍王因遺而新者輩出茲因蕆功遠近慶羨鐫之[illegible]石以表功耳且神謂無
靈何[illegible]有祀
國非[illegible]吳
神孰無[illegible]想上下之交孚信神人之體諒羨輪羨[illegible]謹赫[illegible]一時有地有文庠
邵[illegible]千古斯舉也吳仲禮孫進祿唱之[illegible]吳林[illegible]吳[illegible]賈繼蘭閻友
芳孫進成等和之正殿三而五西廡地而新雖[illegible]芳[illegible]脩太古矣請文
刻石予固非才亦以衆之頌者偕諸人風俗行者通諸地產有時亦因天乎
隆慶歲次壬申秋捌月癸酉拾伍日遼庠生西谷赫應冑撰虎巖李子芳書丹
賜進士及第奉直大夫知遼州事許應逢
承務郎同知[illegible]大器
將仕郎吏目王述之
儒學學正王光裕
訓導李汝蘭
趙文學
本州畫匠張世仲
王世芳男王登科
石匠楊子倉男楊[illegible]王鎬
[illegible]元年歲次癸酉孟冬月十四日[illegible]

黄河流域水利碑刻集成·山西卷 二

159. 重修泰華龍王廟記

立石年代：明隆慶六年（1572 年）

原石尺寸：高 102 厘米，寬 58 厘米

石存地點：晋中市左權縣麻田鎮後柴城村

重修泰華龍王廟記

祠宇之設遍天下，固明且正，更經狄公焚煌，宋時檢察，所存者皆可敬可禮，悠久不磨者也。况我祖宗大創神人之治，而此祠仍貫者，豈以其土居幽僻而幸致耶？鄉曈擁恋而僅存耶？亦以捍患禦灾，上爲國家之崇報，下啓民人之瞻禮耳！

州治三舍外，麻田里也，有廟建於柴城之域，素曰泰華龍王，因墮而新者輩出，兹因就功，遠近慶羨，但乏竪石以表功耳。且神謂無靈，何爲有祀？國非追奬神，孰垂声想上下之交，孚信神人之體諒，美輪美焕，謹赫奕于一時。有地有文，庶昭彰於千古。斯舉也，吴仲禮、孫進禄唱［倡］之，□老吴林、□有味、吴江、賈繼蘭、閆友芳、孫進成等和之。正殿三而五，兩廡圮而新，雖□坊未竪，□俨然太古矣。請文刻石。予固非才，亦以衆之願者，偕諸人風俗，行者通諸地，庶幾有時，亦曰天乎？

遼庠生西谷郝應胃撰，□岩李子芳書丹。

進士及第奉直大夫知遼州事許應逵，承務郎同□蘇大器，將仕郎吏目王還之。

學正王光裕，訓導李汝蘭、趙文學。

本州匠張世仲，王世芳男王登科。

玉工□匠楊子倉男楊荆玉鎸。

隆慶歲次壬申秋捌月癸酉拾伍日。

重脩聖母廟記

160. 重修聖母廟記

立石年代：明萬曆元年（1573 年）
原石尺寸：高 117 厘米，寬 48 厘米
石存地點：陽泉市盂縣烈女祠

〔碑額〕：重修聖母廟記

盂治北五里，仇猶山左有祠，曰水神聖母。據□誌，謂柴世宗之女死烈於斯，其以水名神者，因山有泉故名。昔人建祠而祀，有高山仰止之義，非若後世之祈嗣□□耳也。歷世既遠，棟宇圮壞，雖間有修葺之者，大率因陋就簡，無□舉動，甚至有假修葺之名，爲漁獵之計。無惑乎祠之□就於敝也。兹有僧圓樹者，游栖兹地，以供香火，慨然曰：斯祠也，古人之名節寄焉，後人之觀化關焉，可任其頹而不爲之所耶？遂乞施於坊鄉間，隨其所得，以次修舉。路則□□，石廟則增以臺。正殿三間，上而覆蔽，下而藩衛，罔不焕然一新。凡以香火至者，仰其廟貌，愈益崇敬，而烈女之風教，不惟可彰，亦可傳矣。圓樹之功，顧不偉哉？事乃竣，屬余以紀歲月。是役也，經始于嘉靖之丙寅，落成于隆慶之壬申。捐其資者，坊鄉之士民也；董其事者，本□之僧圓樹也。咸得紀之，以爲興嗣之一助云。

賜進士第奉議大夫户部郎中劉珮撰。

敕封安人趙氏、男生員劉德盛，妻樊氏、男官慶任，生員劉復顯、妻趙氏。

寧化府宗室知□□邑□□□殊寺納子□□□□□□。

賜進士弟户部主事劉鳴陽、生員李□，賜進士第井陘縣任知縣張翰才、生員□□，鄉進士李時芳、監生李道元、生員李知幾，鄉進士寶定府通判侯封、男生員侯汝霖。盂縣儒學教諭河内許世同、盂縣儒學訓導襄陵元爵，昔府典儀正官李奇、侄李□芳，住持僧明福、明□、真□，石匠趙興、男趙□□。道玄□。

時大明萬曆元年歲次癸酉秋仲月吉日立。

161. 新建惠濟橋記

立石年代：明萬曆元年（1573年）
原石尺寸：高159厘米，寬62厘米
石存地點：運城市夏縣南姚村

〔碑額〕：□□惠濟橋□

新建惠濟橋記

惠濟橋在裴介南一里許□村之西南，去夏城十五里，中華傍堰下，故有源頭活□□□□□□。隆慶改元，河東大雨，水圮城廓，壞屋室，溝澮皆盈，醝海泛濫，数年不鹽，盖有所致也，人以爲非常之變。至是……雖僻而裴爲通衢，達裴必涉中□□，中華之非僻明矣，而斯水之爲害劇矣，橋之不容不建□矣。顧爲……然不以爲意。歲辛未，默□陳公□□□□試政于夏，宅心真實，莅民誠信，甫下車，以興廢起壞爲己……子循良之聲爲河東□一……涉者□惻然曰：□之責哉。即欲橋之，且慮興造不免大易之……如也。適户部尚書主政敬……仲子□□伴讀劉勤學奮然曰：□力足以辦此。陳侯義之，遂給役□□□□□□□捐己□□于采石鳩工而□□□□□家各以貧富爲率，乃勤學之四祖生員劉公應□伯劉大正、□劉大□等□□□及□，有僧人悟情至，復……緡太守正庵馬公、寫鄉進士張君時義輩，咸嘉樂厥事……年三月十七日，落成於是年……勤學克舉此哉？盖勤學嘗慟其母早世，至今蔬素不□□□□□雖□□□□也，非其立心之堅，用力之果，□□有終具勤学世□家也，乃能甘澹泊、敢任事，而底厥績。敬庵君□□□□□孰非□□□□善教之所激耶，不然□乎此者何□□也。故曰：□有好者下……橋梁主政之而不知爲政，又曰焉得人人而濟之。陳□一鼓舞而不傷……役得匪……橋志原也。盖劉君與予同鄉薦，且有葭莩之雅，至是請記予……遐迩……其他施人均列于後云。

鄉進士平陸舜山崔汝孝撰，鄉進士安邑北坡張時義書，邑庠生勉齋劉汝學篆。

文林郎知夏縣事巨鹿……伴讀劉勤學，蓮花寺募緣……

萬曆元年歲次癸酉秋八月□□。

絳州重修鼓堆祠記

絳州重修鼓堆祠記

162. 絳州重修鼓堆祠記

立石年代：明萬曆二年（1574 年）

原石尺寸：高 197 厘米，寬 87 厘米

石存地點：運城市新絳縣三泉鎮古堆村

〔碑額〕：絳州重修鼓堆祠記

絳州重修鼓堆祠記

二山屈公之守吾絳也，以純心彝行，執民心以止辟輕，斂紓民瘼，以三物四維，糾民俗以虛己清，問探民隱，以寬裕循擾，俟民融甫。期月間政舉化洽，民用丕變，號稱無事。公爰謀□倅貳張公炫、節判孫公綸、蓮幕常公理，賑煢招遣，興學顯□，實倉廪、固城池、新州治、改富宇、擴賓館、復厩牧、修武備、樹坊牌。數事既畢，□以鼓堆水利。民食之天，孚惠神祠。實水發源，考之《大明一統誌》云：絳北九原西覆鼓堆，堆下二泉，□分清濁，潴而南流，灌溉民田八百頃。隋令梁軌開渠分水，民祠鼓右平湫。許公嘗加繕葺。未幾，而許擢憲使。今復歲久，不無傾圮。公至□，興利除害，有司首務。於是先□正殿，壘架重檐，環袤二十楹。次洎玉皇殿、后土殿、神泓閣、孚惠宫一十二楹。次洎梁公祠、媒祓堂、東閑□、祝獻亭二十三楹。至於齋廊、厨厦、序榮楣牖，亦必葺漏補敝，起傾扶斜，一切新之。殆見鼓祠丹雘黝堊，金璧交輝，巍然崇廣，焕然改觀，□非昔日之陋矣。公又疏鑿堤堰，申飭番次，劫其宿弊，止其權勢，神饗灌獻之隆，人蒙樂利之休，凡此皆公自設處，不動倉庫，不擾里甲，取事科罰焉。故工成而財不費，時使而民不勞，皆由行之有序，處之得道，非深契乎！民者而能不應徯志邪！季春朔□，工既告成，公來謁□，逵觀新造，寮宷俊奔，童叟聿至。掌教王公熙敬、分教李公核、秦公希哲、趙公晋胥來，咸勤敬相厥事。斯時也，乾坤静朗，風日晴和，鳶魚飛躍，花卉鮮妍。公乃登高眺遠，極目暢懷，俄見禾黍芃盈，原隰藝治，慨然嘆曰：美哉良田，公私之費，盡在是矣！古人特值春秋巡行郊野，□助不給，故民安四業，外户不閉，良有以也。予爲民牧，曾行幾何，其不上負國家，下誤黎庶，叨忝爵禄者幾希矣。百姓聞之，無不墮淚。衆因舉酒，奉慰憂勤。里耆□□□□□間、尚還、李江、柴儒、許山、白世賢、郝恩、段進忠、高尚玉等杖藜扣記。余以衰耋，恭逢盛舉，澤絳無窮，既均沾惠，亦烏忍辭？側聞公姓屈，字陟卿，别號二山，關中豪傑，天下名士，幼負奇質，長究理學，無書不讀，有志大造，踐履既久，融會貫通，後既焯有真見，即以道學自任。歲至庚子，果以明《易》魁秦藩。四方學者，賢科膴仕，多出其門。所著有《雜考日抄》《强學類記》《皇明訓典要旨》諸書，出入經傳，該括天人，墳典以來，所未有也。筮諭寧津而士林化，再令温江而吏民格，别駕襄陽而湖南重，今守吾絳，蓋已四遷厥邦矣。公愈遷愈確，彌顯彌誠，譬之精金百煉而色不易，堅玉屢磨而體益固。下車將洎二載，清約甘同一日，與民無預，披誦如常。至於莅政，則隨事折衷，迎刃而解。六事併修，□廢俱舉，非才德兼全、體用悉備能若是乎？邇來當道獎薦，稱古循吏，閭閻歌頌，號屈神明。絳之千人，舉配富祠，固却弗受，非實德感人而上下能協應乎？蓋公横渠絶學，涇野正派，故其涵養，孤高迥出。流俗文章，政事度越，前古將來，殿柱帖名，青史垂芳。行將有師保之尊，區區郡邑經營，曾足以盡公哉？余不敏，難名公盛，姑以重修鼓祠，而略撮其餘。

欽授文林郎知山東朝□縣事七十七叟澤掌北山衛良相撰文，賜進士第中憲大夫大理寺左少卿前翰林院□督四夷館太常寺少卿吏部文選司郎中小溪孫光祐篆額，奉政大夫承天府同知致仕進階朝列大夫前誥封奉直大夫直隸趙州知州九十迂叟西岡范昕書丹。

管水老人：王仲仁、李江。

石工甯鉞、甯鋐、甯秀鐫。

大明萬曆二年歲次甲戌春三月上旬九日之吉立石。

祀藏山□王記

藏山□有趙文子祠□□之藏山也盂邑之食邑也□□七而□□無□趙始王□□□□趙七

分土耳雖文子爲之先□侯封之上□也其□食三□歷世如□是何感人之深且久也□□有□□

理在人心不泯旨程□公孫杵臼其立孤死難忠貞至今默耳曼文子之生二公與之也文子賢□□□□

之忠義登頭二公不□□文子之德並尊尊而祀之非私也五季之末□之來奄有天下崇□□功始□

□忠智程杵臼曰成信侯趙□□□□□□□□□□□□□□□非文子後耶爵之祀之□二公者□□

下也宋爲天下君猶尊而祀之但天下莫不知有□□□□□始有文子則孟趙故趙爲食邑□□

一又爲二公活文子□且爲王趙茔茔之□□尊□祀之□□□人矣今尊之曰□□山大王君不□

知有文子又嘗復知有二公□□□兩澤即□□□□□□□□□□□俗之所謂□者是果大王之

昔者□□意正氣之在兩間於天□□星於地爲河□□地相合以□□王爲風雲雷雨於人爲忠義

之氣嘗三人知重耳於□亡也趙□之功居多交公□□□也趙□□獨□天下□□趙之忠也

□趙山之精以髓之文子即生二公以植之忠義二公先文子卒則其□後稱□於盂山古談笑當□

□□而使□□於□□業於晉室□無室二□□山以□相之耶見生文子者山之精也藏文子者山

之形也文子沒□□情從化而爲山山峙不□則□□不□其□之□□□而□□□之爲風雷烈之□

晉文子之靈即山之靈□忠義能人□常新祀之古正吾□積吾誠所精神感□神之靈即人之靈也夫

豈山□木燧條忽知化之爲神也哉萬曆元年二□□自春徂秋□孟事歲四月不雨□□□祀於藏山

大王之□無何澍雨沾濡四境民大悅曰大王之□若是□□之□□生及播之□志乃知大王爲文子

藏山爲二公活□□□呼矣□不負忠義始鍾其□□文子天不泯忠義又鍾其靈於藏山□於斯者□

無鍾是氣於吾身□□□□者擬爲米居上不正三之氣積吾之誠切切然爲無窮來□之感則文

子之情□象二公從氣宗□雖藏山而王下之□然□已矣其□□□說以陳其□□祀□□

使氣恒正意恒誠則□□之常雷云

萬曆二年五月之吉□□□□之人宋□□

石匠

□□　□□

張□　趙□　趙天□　趙廷□

163. 祀藏山大王説

立石年代：明萬曆二年（1574 年）
原石尺寸：高 134 厘米，寬 75 厘米
石存地點：陽泉市盂縣藏山祠

祀藏山大王説

藏山舊有趙文子祠。□，盂之鎮山也；盂，趙之食邑也。周亡而天下無統，趙始王，盂實爲趙地。夫趙七國之分土耳，雖文子爲之先，亦侯封之上卿也。其血食□兹，歷世如在，是何感人之深且久也。噫！人有古今，天理在，人心不泯。昔程嬰、公孫杵臼，其立孤死難，忠義至今耿耿，是文子之生，二公與之也。文子賢，則二公之忠義益顯；二公不泯，則文子之德益尊。尊而祀之，非私也。五季之末，趙宋奄有天下，崇德報功，始封嬰曰忠智侯，杵臼曰成信侯。趙，國姓也，齊、魯、韓、衛于今爲烈。趙，寧知非文子後耶？爵之祀之，尊二公者，親文子也。宋爲天下君，猶尊而祀之，俾天下莫不知有二公，即天下莫不知有文子。矧盂趙故地，爲食邑，藏山又爲二公活文子處，且爲王趙肇基之迹耶？尊而祀之，□□也。但□之人氏，今尊之曰藏山大王，若不復知有文子，又豈復知有二公？惟時禱雨澤，即無不響應，春秋報祭，儼然一□。俗之所謂神者，是果大王之靈若是耶？噫！正氣之在兩間，於天爲日星，於地爲河嶽。於天地相合，以濟群生，爲風雲雷雨。於人爲忠義之氣，當三人相重耳。於出亡也，□□之功居多。及受屠岸賈之讒也，趙氏之禍獨慘天下，欲没趙之忠也。□□□山之精，以儲之文子，即生二公，以植之忠義。二公先文子卒，則其氣復彌□於盂山。方談笑當衷甲之變，而使文子終植勛業於晋室者，無寧二公依山以陰相之耶？况生文子者，山之精也，藏文子者，山之形也。文子没，其精復化而爲山，山峙不移，則□□不□。其噓之爲雲，澍之爲雨，披拂之爲風，轟烈之爲雷，文子之靈即山之靈也。忠義於人心常新，祀之□正吾氣，積吾誠，則精神感召，神之靈即人之靈也。夫豈山□、水怪倏忽幻化之爲神也哉？萬曆元年二月，余自棗强來知盂事，歲四月不雨，乃潔誠祀於藏山大王之□。無何，澍雨沾濡四境，民大悦曰："大王之靈若是。"因詢之鄉先生及稽之盂誌，乃知大王爲文子，藏山爲二公活孤兒處。嗚呼！天不負忠義，始鍾其精於文子；天不泯忠義，又鍾其靈於藏山。於斯者，寧無鍾是氣於吾身耶？余猶恐祀之者擬爲木居，士不正吾之氣、積吾之誠，切切然爲無窮求福之惑，則文子之精不聚，二公之氣索然，雖藏山亦土石之塊然而已，奚其靈？故借爲俗説，以陳其梗概，祭祀者觀之，使氣恒正、意恒誠，則神之靈亦爲之常常云。

□□斗南□人宋室撰。

石匠趙合、趙邦榮、趙天恩、張銀、趙廷芳。

萬曆二年五月之吉。

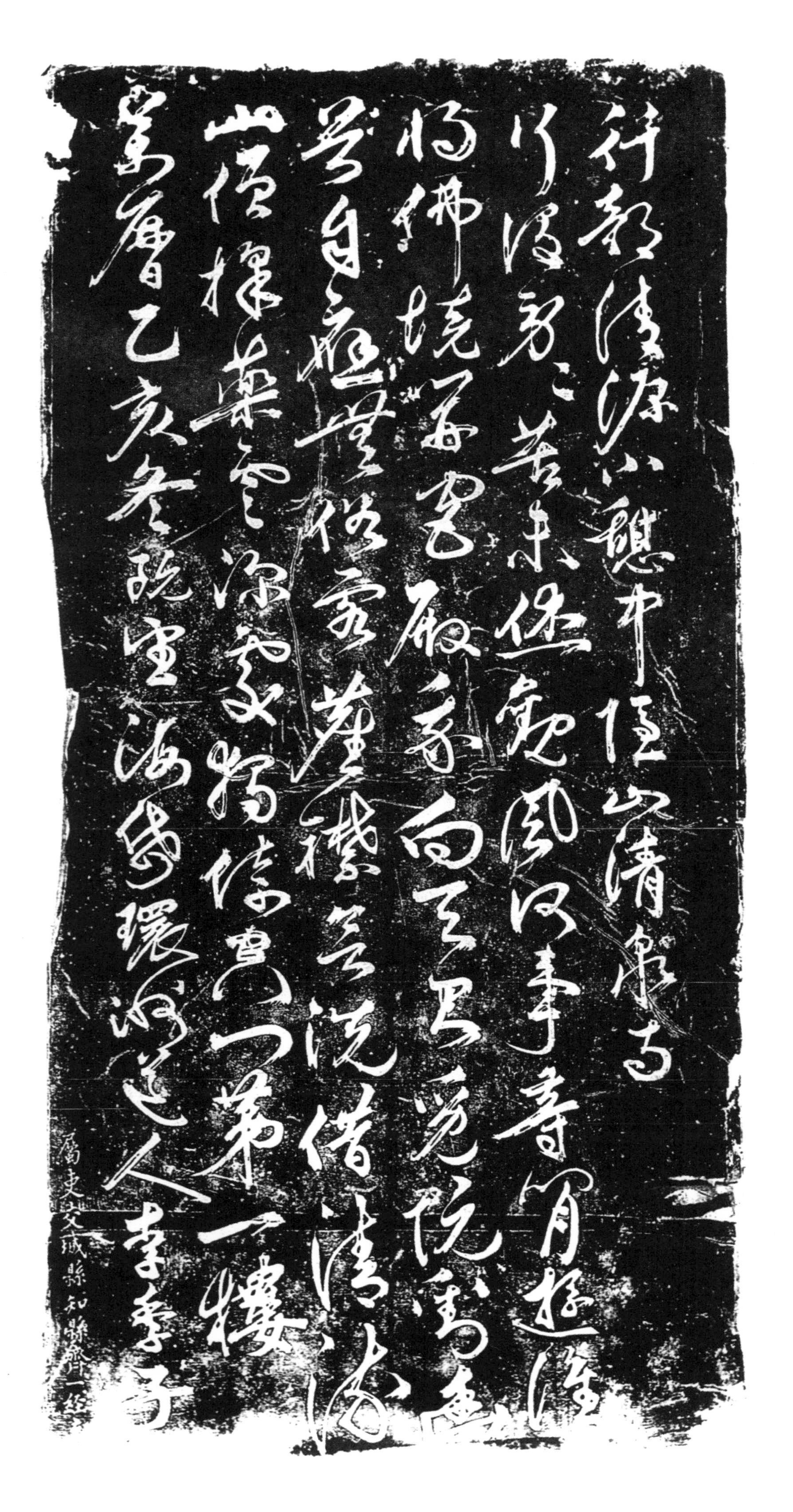

164. 中隱山清泉詩

立石年代：明萬曆三年（1575 年）

原石尺寸：高 131 厘米，寬 63 厘米

石存地點：太原市清徐縣

行部清源小憩中隱山清泉寺：

行役勞勞苦未休，觀風何事等閑游。

誰將佛境開宮殿，我向天臺覓阮劉。

幽谷自應無俗客，塵襟欲洗借清流。

山僧采藥雲深處，獨倚空門第一樓。

萬曆乙亥冬既望。海岱環洲道人李季子。屬吏交城縣知縣齊一經。

165. 建金龍四大王行宫西行廊記

立石年代：明萬曆四年（1576 年）
原石尺寸：高 39 厘米，寬 55 厘米
石存地點：晋城市澤州縣大陽鎮二分街

建金龍四大王行宫西行廊記

□□郡，風純民善，凡有興作，多捐資趋投者。况金龍四大王職膺江河，威靈赫奕，福祐商人。衆嘗敬畏，從先歲於陽阿南境建行宫、創殿宇。社首督衆糾工。郡人李子菁、郜子希顔久涉江河，屡蒙陰祐，故樂隨社首并會人，亦略捐資贊翊厥事。既已落成，彬彬郁郁，有碑記矣。郜、李二子復見左右曠地亦可營建者，于是延會友，捐資帛，伐木石，督匠糾工，建西行廊三楹，將爲祀事畢享神惠耳。功既告成，命於青州丈人以紀歲月云。

社首：王恩榮、王□、王崇誥。

修正殿斜殿施主列名於後（具体人名，略而不録）。

金妝右侍尊施主列名於後（具体人名，略而不録）。

油畫正殿施主列名於後（具体人名，略而不録）。

創建西行廊施主每分銀各錢列名於後（具体人名，略而不録）。

李華書。

澤庠生□天褚□三□。

玉工李鸞刊。

大明萬曆四年歲在丙子九月吉旦。

166. 重修龍池助緣碑記

立石年代：明萬曆四年（1576 年）

原石尺寸：高 46 厘米，寬 61 厘米

石存地點：晉中市壽陽縣方山

盂縣張，萬曆四年五月十五日重修龍池。

糾首王學立石。

鐵筆：趙思智，男趙以清、趙以連。

各村衆信助緣人：

李官、海寬、性雲、性登、海會、張友寧、洪濟、岳運隆、岳鎮夷、刘于后、岳凌岩、性道、性禪、性通、悟□□、海深、海珍、性和、方存、性保、性環、惟祥、惟珂、趙積、付尋、付是堤、趙元碧、張朝荣、付最、王天佑、付化、李光下、付昂、付汝成、張化、付晃、付知祥、付晸、刘應夆、陳世用、道資、張玘、陳廷美、男陳洪潤、張通喜、張騰高、趙邢、孫付、史元忠、王金義、郭堯、郭大剛、孫豸、李約、刘元、李茂先、石荣路、畢唐、董敏、洪濟書。

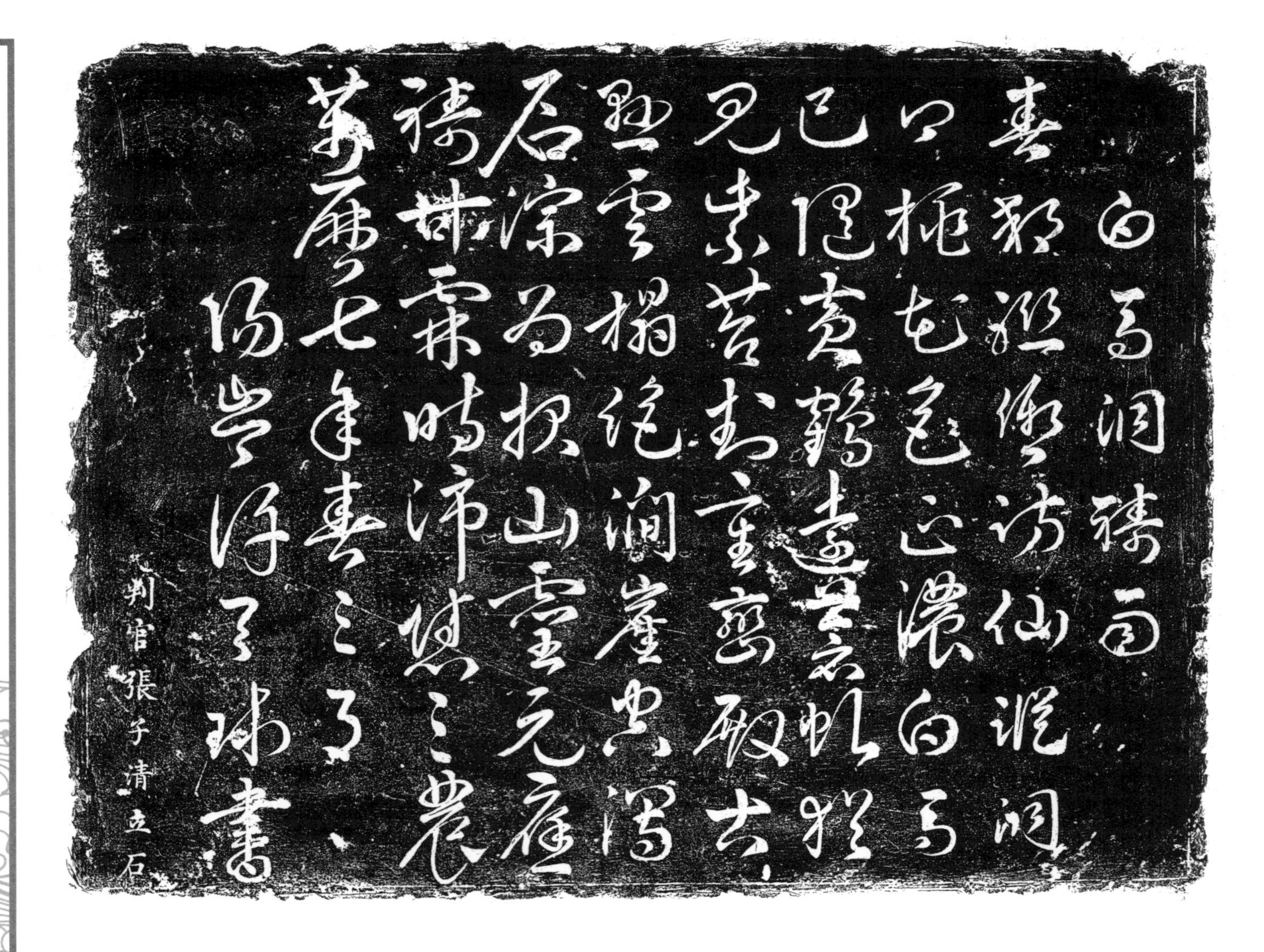
判官張子清立石

167. 白馬洞禱雨

立石年代：明萬曆七年（1579 年）
原石尺寸：高 60 厘米，寬 77 厘米
石存地點：吕梁市離石區吴城鎮洞溝村

白馬洞禱雨
春郊聯轡訪仙踪，洞口桃花色正濃。
白馬已隨黄鶴遠，蒼虬猶見紫苔封。
重巒殿古懸雲榻，絶澗崖空瀉石淙。
爲報山靈元應禱，甘霖時沛慰三農。
陽岑許天球書。
判官張子清立石。
萬曆七年春三月。

168. 屯留縣重修三峻山神廟記

立石年代：明萬曆七年（1579 年）
原石尺寸：高 156 厘米，寬 69 厘米
石存地點：長治市屯留區老爺山羿神廟

屯留縣重修三峻山神廟記

按《祭法》：山林川澤丘陵，能出雲爲風雨、見怪物皆曰“神”。屯留西北四十五里，山峙三峻，其東峰之巔建有廟像，莫稽攸始。父老相傳：歲或不雨，禱輒雨，利益烝民，祀事凛若。宋崇寧間，封爲顯應侯，不經甚矣。我太祖高皇帝龍飛三年詔革嶽鎮海瀆歷代封號，止稱山水本名。如三峻山，則曰“三峻山之神”，命有司春秋仲月擇日虔祭勿爽。名正義安，萬代会典也。迨天順庚辰，憂境内大旱，六月六日邑侯率屬，雩於有廟，即零雨渥沾，秋乃熟。故是日之祭，迄今罔缺。但歲久廟貌弗飭，或一葺修，竟非大觀。萬曆丁丑六月，韓侯奉命視篆留吁，仲秋祀日，躬詣峻山，將享於神甚謹。竣事，覽玆圮陋，嗟嗟靡寧。時鄉耆懇請鼎新，侯曰：“事神治民，長人者之責，矧神在祀典耶？當圖焉！”越明年，戊寅仲春祭於山，周爰咨度，季夏祭於山，又周爰咨度，曰：“可舉矣！”遂遴練事。邑人申鈴、申銓、趙松、吴從衆、李懷臣、徐雲霓、李先馨、郗大林、郭繼夔、馮詔、宋士儒、白銀朝、李惟芳用董厥役。侯出俸金爲倡，僚屬暨鄉官士民亦樂然輸資有差，諸料物、匠夫之需，悉於中取辦。八月十六日□始，己卯六月朔日告成。重修正廟五楹，寢廟三楹，增修西廊房十楹，舞樓三楹，東西齋所八楹，山門三楹。門内豎之崇坊，規制焕豁，足以妥威靈而駿奔走，誠一方之巨瞻哉！原其初，侯豈不欲遄成；然民爲急，自莅任來，求民之瘼不遑啓處；必俟政孚人和，廟工始興，非施爲罔眩之智乎？吾民報成於侯，□曰：“神將祐民，歲其有實，我侯維功！”侯曰：“聖皇參贊，禮行於郊，而百神受職，四海咸熙，實明明天子，維庥非善，則稱君之忠乎？”侯復申諭：“明有法度，幽有鬼神。爾能奉公，降之祥。不則降之殃。”民乃□栗，曰：“敢弗若於訓！”非神道設教之權乎？智以始之，忠以成之，權以終之。且財無費官，力無勞民。是役也，君子謂之懿舉。侯諏吉祭告。先□鈴等緣余從鄉大夫後，偕來請記。余不佞，謹即耳目所聞睹者，爲識如前。

賜進士第中憲大夫都察院右僉都御史、前奉敕巡撫保定等府兼提督紫荆等關邑人李尚智撰。

侯諱復禮，字仁卿，别號克齋，陝西涇陽人。治邑端軌明法，百度聿新，峻廟特一節云，迭親督理；則縣丞郭君大儒、主簿魏君紀、典史李君珍樂觀厥成；則教諭楊君九章、訓導王君汾、張君邦靖，胥得併書；餘助工鄉官士民，他石詳列焉。

管工人：申鈴、申銓、趙松、吴從衆、李懷臣、徐雲霓、李先□、郗大林、郭繼夔、馮詔、宋士儒、白銀□、李惟芳同立石。

萬曆七年歲次己卯秋八月之吉。

169. 重修龍王廟碑記

立石年代：明萬曆七年（1579 年）
原石尺寸：高 130 厘米，寬 62 厘米
石存地點：太原市婁煩縣静游鎮逯莊龍王廟

〔碑額〕：龍王碑記

重修龍王廟碑誌

天下之□莫重於農，農工之望，莫急於雨。雨之有無，苗之生息係焉，民之休戚關焉，而其本膏土之主也。然人欲事神，無地可依，是故村之東南龍王廟建焉。是廟也，四圍山拱，前有奇泉，中植一榆，其形如龍。每遇落雨雷，若廟中起焉，而其威靈烜赫以震動乎人者，豈淺淺哉！第時久歲沿，風雨摧剥，正殿門房，悉梁頹厥腐矣。時有汾□都逯庄、赤土壑二村之衆，於萬曆伍年，咨嗟廟壞，乃率群工，同心協力，施□□□。頹者起之，腐者新之。未幾一載，次第功成。外觀廟貌，巍如焕如；内睹神像，起敬起孝。是雖祀以時豐，猶恐誠□難□，仍招僧人居此，早經晚咒，鳴鍾擊鼓。是以神之默祐，雨暘時若，百穀用成，室享豐□。而所謂修葺之功，感應之神，誠不誣也。《書》曰：惟德動天，無外弗届。又曰：至□感神，其斯之謂與。予爲伎生，□末無擾，謹□大略，□□諸石。

太朝四年起□修造。（以下碑文漫漶不清，略而不録）

正统二年二次重修。（以下碑文漫漶不清，略而不録）

正德二年三次重修。（以下碑文漫漶不清，略而不録）

萬曆柒年歲次己卯玖月貳拾柒日庚午吉旦肆次重修造。

（以下碑文漫漶不清，略而不録）

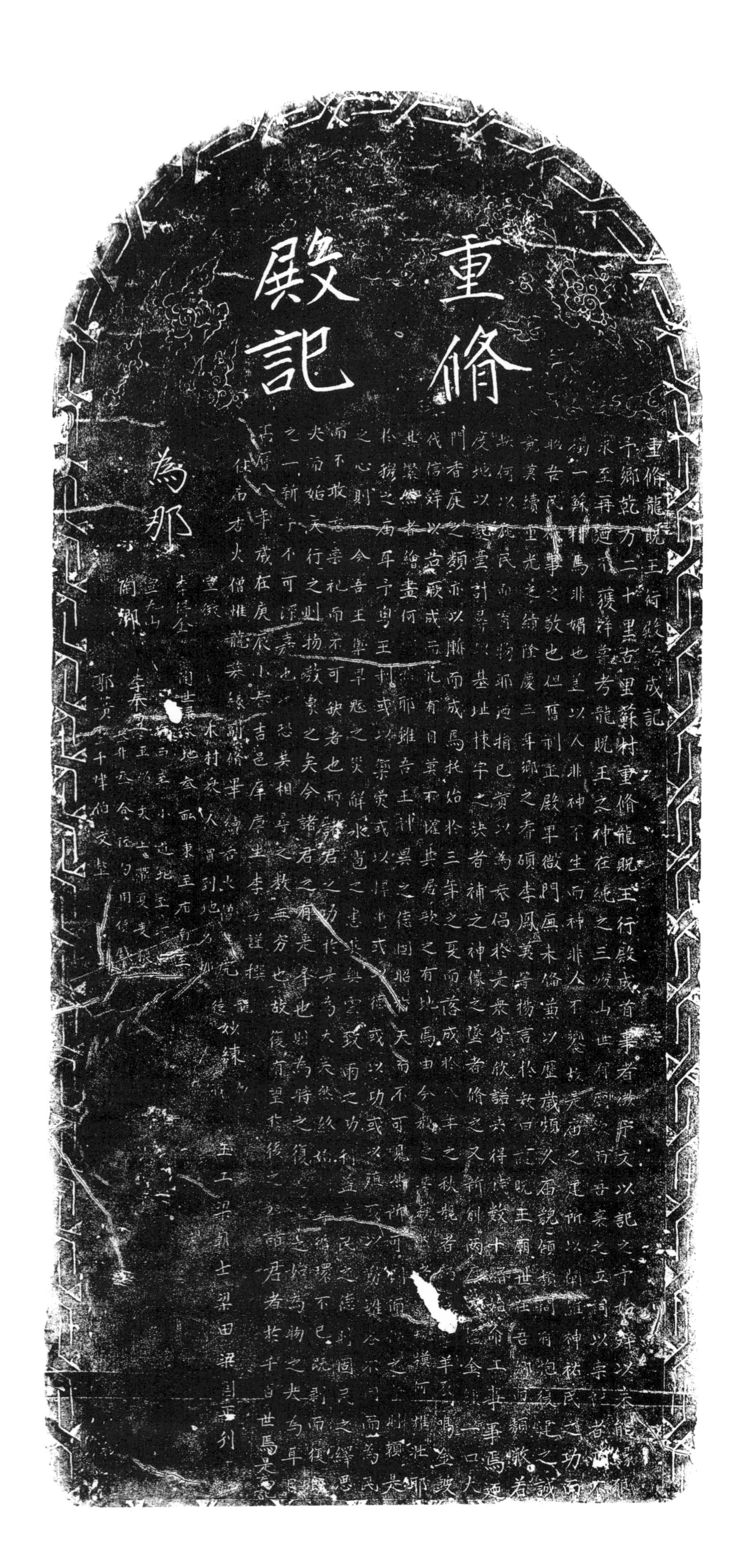
重修殿記

170. 重修龍貺王行殿落成記

立石年代：明萬曆八年（1580年）
原石尺寸：高150厘米，寬64厘米
石存地點：長治市襄垣縣侯堡鎮蘇村龍貺王行殿

〔碑額〕：重修殿記

重修龍貺王行殿落成記

予鄉乾方二十里，古里蘇村，重修龍貺王行殿成，首事者徵予文以記之。予始辭以未能，緣懇求至再，乃不獲辭。嘗考龍貺王之神，在純之三峻山，世有廟次。而吾襄之立祠以崇祀者，亦不獨一蘇村焉。非媚也，盖以人非神不生，而神非人不饗。故是庙之建，所以開維神祐民之功，而昭吾民祇事之敬也。但舊制正殿卑微、門廡未備，兼以歷歲頗久，庙貌傾頹，間有抱復建之誠，竟莫績重光之績。隆慶三年，鄉之耆碩李鳳盈、李鳳美等揚言於衆曰：龍貺王廟，世在吾鄉，而頹敝若此，何以庇民而育物耶？乃捐己資，以爲衆倡。於是，衆皆欣諾。共得錢数十緡，始命工事事焉。乃度地以起臺，計尋以基址。棟宇之缺者補之，神像之墜者修之。又新創兩□□楹，金鐘一口。大門、香庭之類，亦以漸而成焉。托始於三年之夏，而落成於八年之秋。觀者仍□□羊豕，鳴金鼓，伐信辭，以告厥成。而凡有目，莫不歡其居，歆之有地焉。由今觀之：其巍然者，□規模何雄壯耶！其燦然者，繪畫何□然耶！雖吾王神异之德，固昭於天而不可見，然所可則而□之首，則賴是於穆之庙耳。于粤王制，或以禦灾，或以捍患，或以德，或以功，或以殖，或以勤，雖各不同，而爲民之心則一。今吾王禦旱魃之灾，解冰雹之患，其興雲致雨之功，利益生民之德，則固民之繹思，而不敢忘崇祀，而不可缺者也。而諸君之功，於是爲大矣。然終始相尋，循環不已，既剥而復，既夬而姤。天行之則，物数像之矣。今諸君之有是年也，則爲時之復，□□之始，爲物之央，爲耳目之一新乎！不可深嘉也，□恐其相尋之數無穷也，故復有望於後之如諸君者於千百世焉。是爲記。

邑庠廪生李□謹撰。

住庙香火僧惟龍，募缘副修畢，績香火僧惟虎、惟龍，徒妙練。爲那：宣徽、李得全、宣九山、陶卿、陶士禄、李奉盈、郭簣。

本村衆人買到地名□家地叁畝，東至庙、南至□、西至小道、北至河，四至以表。上帶夏麦粮叁升叁合陸勺，用價錢壹千肆伯文整。

玉工：梁朝士、梁田、梁国正刊。

萬曆八年歲在庚辰小春吉。

儒學泮池碑記

171. 儒學泮池碑記

立石年代：明萬曆十一年（1583 年）
原石尺寸：高 120 厘米，寬 55 厘米
石存地點：運城市芮城縣博物館

〔碑額〕：儒學泮池碑記

萬曆拾年貳月□河東分守道參政胡，□准明文，□□縣知縣裴故牒爲分定用水日期，以杜争訟事。照得本縣城西北隅上郭里西溝□下，古有水叁泉。舊規，壹半民用灌田，壹半學用入泮池。近年來，每争用多寡起訟。若不定立□矩，不免事無遵守。爲此，合行故牒。該學煩將今後每月初壹起至初伍止，拾壹起至拾伍止，貳拾壹起至貳拾伍止，用此水引□□池。其□日□民用灌田，不許違錯。未便，須至故牒者。

右故牒。

儒學。

故牒。

萬曆拾壹年歲次癸未冬拾月吉日立石。

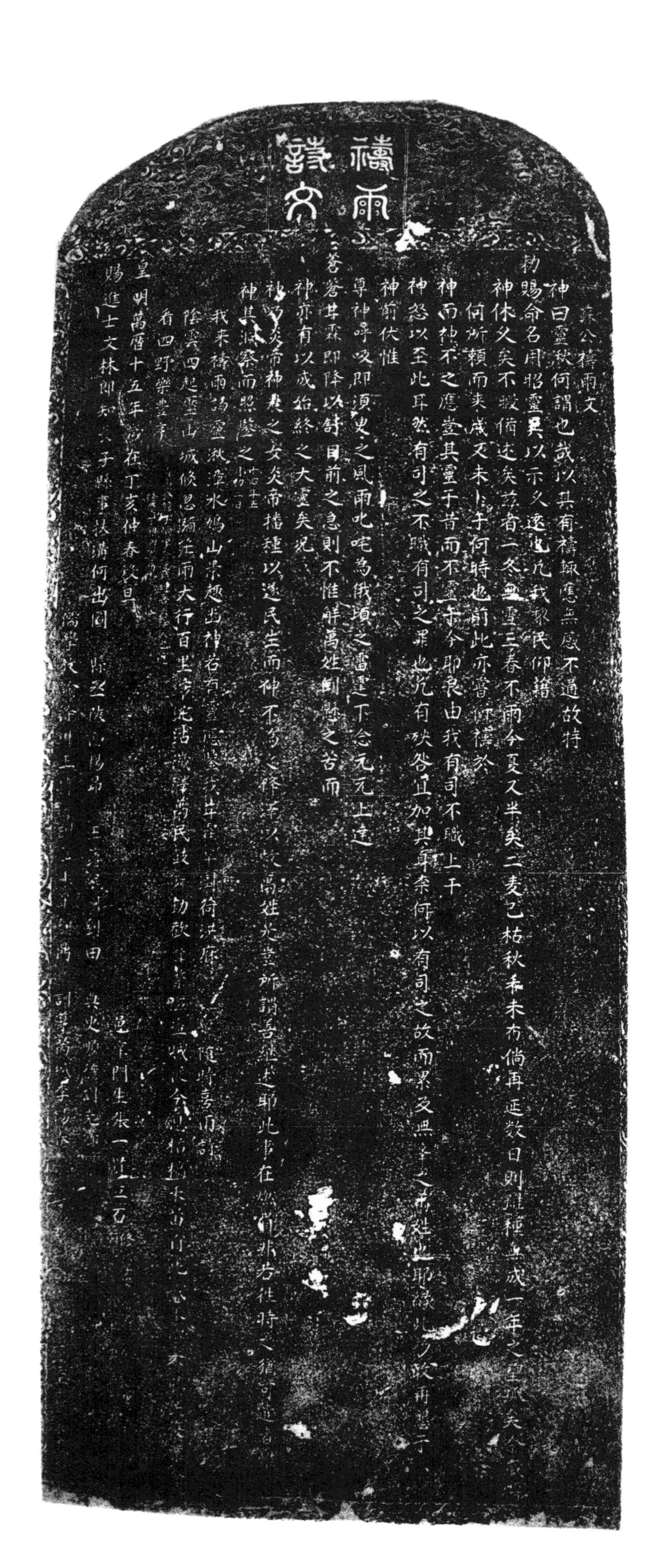

172. 蘇公禱雨文

立石年代：明萬曆十五年（1587 年）
原石尺寸：高 132 厘米，寬 65 厘米
石存地點：長治市長子縣靈湫廟

〔碑額〕：禱雨祝文

蘇公禱雨文

神曰靈湫，何謂也哉？以其有禱輒應，無感不通，故特敕賜命名，用昭靈异，以示久遠也。凡我黎民仰藉神休久矣，不暇備述矣。玆者一冬無雪，三春不雨，今夏又半矣，二麦已枯，秋禾未布，倘再延数日，則雖種無成，一年之望孤矣，今歲將何所賴？而來歲又未卜于何時也。前此亦嘗祈禱於神，而神不之應。豈其靈于昔而不靈于今耶？良由我有司不職，上干神怒，以至此耳。然有司之不職，有司之罪也。凡有殃咎，宜加其身，奈何以有司之故而累及無辜之萬姓也耶？緣此，乃敢再懇于神前：伏惟尊神，呼吸即須臾之風雨，叱咤爲俄頃之雷霆。下念元元，上達蒼蒼，甘霖即降，以舒目前之急，則不惟解萬姓倒懸之苦，而神亦有以成始終之大靈矣。況神乃炎帝神農之女，炎帝播種以遂民生，而神不爲之降澤以救萬姓，是豈所謂善繼述耶？此事在燃眉，非若往時之猶可遣者。惟神其洞察而照鑒之！十四年五月初二日。

我來禱雨謁靈湫，漳水鳩山景趣幽。神若有靈應鑒我，甘霖早澍荷洪庥。

隨時喜雨詩：

陰雲四起壓山城，倏忽瀰茫雨大行。

百里滂沱沾濊澤，萬民鼓舞動歡聲。

繁滋盜賊從今息，枯槁禾苗自此□。

米價不騰民復業，會看四野樂豐亨。

公諱子綸，字□□，□理吾，大□人也。應隆慶丁卯鄉□而□。

賜進士文林郎知長子縣事扶溝何出圖，縣丞陝西楊昂，主簿岷州劉田，典史順德劉堯卿，儒學教諭徐川王傅，訓導永年□鼎，訓導芮城李陽春，邑庠門生張一貫立石。

玉工：朱繪、朱來……

皇明萬曆十五年歲在丁亥仲春穀旦。

173. 建昭澤普濟龍橋記

立石年代：明萬曆十六年（1588 年）
原石尺寸：高 162 厘米，寬 63 厘米
石存地點：長治市黎城縣上遥鎮侯家莊村

〔碑額〕：澤龍橋記

建昭澤普濟龍橋記

黎城西七十里侯家庄，群峰環抱，烟雲相接，俗傳距昭澤龍神顯靈之下庄甚近，以故聚氣藏風，榭館楼臺，飛翬聳巒，雄甲□□。約百步許地名石嶺，地介兩峽中，陡嶇直逼，有河爲險，每過雨則浪涌波掀，横衝四塞，居氓艱於攸往，亘有迄今曠典也。或……倡議奮興，慨然以創橋自任，矢志設盟，除各捐己資外，遂解金募粟，鳩工僦巧，象形培址，運石層砌，立檻禦危，長……得體，假之宜高低合上下之勢，深厚堅鞏，坦然一同行矣。經始於萬曆戊子二月二十八日，至四月中即落成，僅五旬。□□予記。予謂橋連世□，垂譽大都，有所因而鼎新者易，無所緣而開造者難，創於通衢要津者易，而营于僻窮谷者難，何也？□可爲而功易奏，通衢要津則方多賴而夆于衆督。今二君當舟車艱運之一區，而創自我作始之新橋，且功成不日，□□□非於尋常萬萬矣乎？愚獨慨雜橋居而前後左右者人亦夥也。溯古今而以年考之，時亦久也，曾無一人奮建橋之志。□□獨于二君是賴，則二君□□利物，啓後光前，信歷百代而不磨矣。予嘉樂之，是以不顧譾陋，而附會其説，使後輩登斯橋而……乎！侯君學禮，字子立，寶字國信，係河西里，家世耕□，重義好施，人皆□□，因并□篇末，以識不朽。

（以下碑文漫漶不清，略而不録）

萬曆戊子四月吉旦立石。

174-1. 介休縣水利條規碑（碑陽）

立石年代：明萬曆十六年（1588 年）
原石尺寸：高 180 厘米，寬 75 厘米
石存地點：晉中市介休市洪山鎮洪山村源神廟

〔碑額〕：介休縣水利條規碑

汾州介休縣爲嚴革宿弊，均水利以息争端、以遂民生事，奉本州帖文，蒙欽差協理糧儲山西等處承宣布政使司分守冀南道左參政侯案驗，蒙欽差提督雁門等關兼巡撫山西地方都察院右副都御史沈批：該本道呈萬曆十陸年陸月拾玖日蒙本院批，據介休縣民温恕、宋希寶、劉思、宋惟德、任節等，連名具狀，各争狐岐等泉水澆溉田地。該本縣知縣王一魁，查得本縣東南，離城二十里有狐岐山源泉，自宋文潞公開爲東西中三河，自南而北流出，可溉田壹佰伍拾貳頃貳拾玖畝玖厘捌毫；又有石屯村灰柳二泉、洪山河利民泉、謝谷村謝谷泉、灰南二泉、胡村河西野閦津泉、龍雨泉、蒲池泉，各發源不同，溉田不等，共水地柒拾貳頃壹拾柒畝貳分玖厘柒毫。議謂自宋迄今，数百年來時异勢殊，利弊相尋，欲將查出有地無水，原係水地而從來不得使水者，悉均與水程。有水無地，或原係平坡碱地竄改水程，或無地可澆甚而賣水者，盡爲改正厘革，惟以勘明地粮爲則。水地則徵水粮，雖舊時無水，自今以後例得使水。平地則徵旱粮，雖舊時有水，今皆革去，以後并不得使水。不論水契有無，而惟視其地粮多寡，均定水程，照限輪澆。日後倘有賣水地者，其水即在地内，以絶賣地不賣水、賣水不賣地之夙弊。仍要責令有水鄉村鎸石立碣，以載鄉民姓名，分定水程日時，以垂永久，等因照詳。蒙批：既名水地，則水與地原自相連，乃分之爲二，而地自地，水自水，甚矣！介民之巧於規利，敢於骫法，而滋弊也。該縣官鋭意更正，以水即歸之地，而名水地者，即得用水，使昔之賣地不賣水，賣水不賣地者，無所容其奸焉。其用心誠勤，而弊端可永絶矣。仰守南道再一復勘，行令立石，以垂永久。此繳。蒙此，本年閏六月初七日，蒙巡按山西監察御史文批：據該縣申同前事蒙批，據議盖亦厘弊息争之美政也。但水地與平地，鋪粮輕重遠甚，册内未見開載明白。且買水買地，百姓各爲世業，今者一旦驟爲更張，民情果否相安？至於昔日以水地寫作平坡，是平坡爲欺弊矣。今認水粮而聽衆人無詞，衆人果皆公平。事屬更始，不厭詳密，守南道查確報奪。蒙此行，據汾州□稱，該本州知州周文耀，親詣該縣，拘集鄉村渠長、老人并父老人等，再三面訊，俱各願照今次清查水利遵行，别無异詞。隨吊賦役等項卷册到官，查得該縣狐岐等泉水地舊額年久無憑。稽查萬曆九年清丈地粮之時，惟照見使水程丈明水地，共貳佰玖頃陸拾伍畝捌分捌厘，每畝均攤水粮捌升壹合，共水粮壹仟陸佰玖拾捌石貳斗捌升陸合貳勺捌抄。平地每畝攤粮陸升，坡地每畝攤粮叁升捌合，沙碱地每畝攤粮貳升柒合肆勺貳抄，山崗地每畝攤粮貳升伍合，共合原額實徵粮数。自萬曆十年起，十六年止節，據小民陸續訐首，并奉例摘查出平坡沙碱改水地壹拾頃貳拾玖畝柒分柒厘伍毫，各照地色加粮不等，共加水粮貳拾玖石柒斗陸升肆合柒勺陸抄。其欺隱小民宋惟德等，并自首。小民李師、王新等，節經免罪。多出粮石，節年於槩［該］縣正徵粮内，通融減派。今次清查水利，磨算地册，撒比總額外，又多出水地肆頃貳畝玖分捌厘玖毫，原係丈地之時，各里公直書算，將水捏平。本應究罪，但事遠人衆，似應姑從寛宥，仍照平地每畝加水粮貳升壹合，共該水粮捌石肆斗陸升貳合玖勺陸抄玖撮。以上

計此［比］萬曆九年清丈，多出水地壹拾肆頃叁拾貳畝柒分陸厘肆毫，多出水粮叁拾捌石貳斗貳升柒合柒勺貳抄玖撮，節今應作嬴［贏］餘。撥豐贍庫，每年另項徵解。倘後户部會計一時稍有加增，或偶有水衝沙壓，就將此項嬴餘抵補，不必加派，重累小民。通計槩縣總共水地貳佰貳拾叁頃玖拾捌畝陸分肆厘肆毫，總共水粮壹仟柒佰叁拾陸石肆斗陸升肆合玖撮，外革過原非水地，止以另買水契，强使水程，不納水粮地，壹拾叁頃玖畝陸分陸厘。已將犯人張世德等問罪追究，紙贖玖拾玖兩零，申詳本道，批允修理本處狐岐泉神廟宇，置買木料應用訖。看得該縣地多山崗磽薄，全賴水泉灌溉，從來遠矣。迨至於今，强弱不均，亂獄滋豐，爲利固多，而其爲害也亦復不少，豈水之初端使然哉！盖緣利之所在，民争趨赴，奸僞日滋，弊孔百出，是以有賣地不賣水、賣水不賣地之説。自此端一開，遂令富者雨積溝滄，而止納平地之粮；貧者赤地相望，而尚共（供）水地之賦。利歸富室，害歸窮櫓，久之富益富，貧益貧，而民間之大利，始變而爲民間之大害矣。然積弊已久，習俗相沿，蠢爾無知之民，狃於樂成，闇於慮始。而有司又多傳舍視地，秦越視民者，盖既憚其勞，復虞其怨，是以百年以來，因陋守舊，未聞有發其弊而厘正之者。今該縣王知縣，洞燭前弊，不避勞怨，鋭意更張，直欲拔其本而塞其源，其爲民之心，誠爲勤懇。且該縣水地，如此其多也，用水之人，如此其衆也，一旦而更正之，或加或革，又如此其驟也。脱使衙役果有受賄，分派少有不公，則此介休素稱好訟之民，有不紛紛争告者乎？又誰可禁之而不以告哉！乃今翕然信從，杜口無詞。若此，則該縣官之調停妥當，分派公平，有以服民之心，而息民之争也。此盖足以觀矣。至於各泉輪澆之法，查得狐岐山水舊規，澆溉先足下地，漸及上地，至今民皆稱便。今本縣水利已經查正，并各泉仍照舊制，自下而上，各照分定水程，輪流澆溉，周而復始，將不謂劃一之法，可爲定守者耶？合無轉詳，允示刊書立石等因到道，據此爲照，引水溉田，誠爲美政。揆之介休水利，初時必量水澆地，而流派周遍，民獲均平之惠。迨今歲習既久，奸弊叢生，豪右恃强争奪，奸滑乘機竄改，兼以賣地者存水自使，賣水者存地自種，水旱混淆，漸失舊額。即以萬曆九年清丈爲準，方今柒載之間，增出水地壹拾肆頃有奇，水粮叁拾捌石零。以此觀之，盖以前加增者，殆有甚焉。是源泉今昔非殊，而水地日增月累，適今若不限以定額，竊恐人心趨利，紛争無已，且枝派愈多，而源涸難繼矣。據今王知縣目擊斯弊，極力湔除，無非息争止訟，杜漸防微之意，良於民瘼有裨。既經該州調停曲盡，况百姓咸願遵守，似得公平之法，相應呈請，合候詳示。行令汾州轉行該縣：准將查明水地水粮、應增應減、應改應革并輪流之法，及分定水程等項事宜，悉照今議遵行。仍摘簡節緣由，并縣總水地共貳百貳拾叁頃玖拾捌畝陸分肆厘肆毫，水粮壹仟柒佰叁拾陸石肆斗陸升肆合玖撮，及諸泉名目總数，刊刻書册，給散有水人户，每家一本；仍鎸勒石碣，竪立發源處，所以垂永久。日後若復有告争者，即係奸民，聽該縣指明，申呈重究。其前水粮除足萬曆九年清丈原額外，多出水粮叁拾捌石貳斗貳升柒合柒勺貳抄玖撮，准作嬴［贏］餘名色。自萬曆十六年爲始，撥豐贍庫，每年徵解，本司交收，作正支銷。倘後該縣偶有水衝沙壓，或會計稍有加增，就將此項抵補，不必加派小民，以免重累。如此，庶規制定而豪强者無復逞侵冒之謀，法令嚴而刁悍者不敢爲蔓滋之訟。弊端永絶，利澤均沾，而介民受無窮之惠矣。等緣由，具呈照詳。蒙批復：經該道查議，盖甚詳確，如議刊刻書册，鎸石立碣，以垂永久。多出水粮准作嬴餘名色，類解布政司交收，作正支銷。其或該縣偶有衝塞，會計稍有加增，即以此項抵補，不必加派小民，仍備行布政司知會。此繳。蒙此，案照已經呈請去後，今蒙前因，擬合就行。爲此案仰本州帖，仰本縣官吏照帖，備蒙案驗，内事理即行該縣掌印官，准將查明水地水粮、應增應減、應改應革及分定水程，并輪澆之法等項事宜，悉照今議遵行。仍摘簡節緣由，并縣總水地共貳佰貳拾叁頃玖拾捌畝陸分肆厘肆毫，水粮壹仟柒佰叁拾陸石肆斗陸升肆合玖撮，及諸泉名目總数，刊刻書册，給散有水人户，每家一本；仍鎸勒石碣竪立發源處，所以垂永久。日後若復有告争者，即係奸民，聽該縣指名申呈重究。前水粮除足萬曆九年清丈，原額多出水糧叁拾捌石貳斗貳升柒合柒勺貳抄玖撮，准作贏餘名色。自十六年爲始，撥豐贍庫，每年徵解本司交收，作正支銷。倘後該縣偶有水衝沙壓，及泉渠淤塞，或會計稍有加增，就將此項抵補，不必加派小民重累。如此，庶規制定而豪强者無復呈侵冒之謀；法令嚴而刁悍者不敢爲蔓滋之訟。弊端永絶，利澤均沾，而介民受無窮之惠矣！事完，具遵行過緣由，并刊完書册，及鎸立石碣，各印刷数張，送州以憑，轉報施行。奉此，擬合刊立石碣。爲此，除外合行開坐，仰管水老人、渠長及有水人户，一體查照，遵守施行。須至碑者。

知縣王一魁，縣丞竇臣，主簿浦洪，典史王端容，工房吏宋希閔、鈕永字。管水老人王汝安、張思善。渠長任守證、張光臣、張賢。

萬曆十六年十一月……日。

計開
狐岐山源泉洪山與胡村同用一河有南[illegible]右石堰一條以致通流至洪山村心分爲兩河有四六水平
洪山本村係發源近地分水陸分 胡村分水肆分各輪澆溉于后
洪山河共水地壹拾陸頃肆拾畝叁分伍厘貳毫 共水糧壹百叁拾貳石捌斗陸升柒合伍勺壹抄貳撮
洪山共水程壹拾柒程壹時
萬曆拾陸年拾壹月 日

174-2. 介休縣水利條規碑（碑陰）

立石年代：明萬曆十六年（1588年）
原石尺寸：高180厘米，寬75厘米
石存地點：晋中市介休市洪山鎮洪山村源神廟

計開：

狐岐山源泉：洪山與胡村同用一河，有南北右石堰一條，以致通流至洪山村心，分爲兩河，有四、六水平。洪山本村係發源近地，分水陸分；胡村分水肆分，各輪澆溉於后。

洪山河共水地壹拾陸頃肆拾畝三分伍厘貳毫，共水糧壹百三拾貳石捌斗陸升捌合伍勺壹抄貳撮。

洪山共水程壹拾柒程壹時。

管工官：侯世爵。

管工皂隸：楊永幸。

糾首：張思恩、朱云佀。

夫頭：任天應。

程頭：温天□、郭欽、刘思云、張思林、張天只、任友厚、刘天敖、刘□郎、任天輝、任良□、任天應、張天金、田得甫、喬明律、張光元、張天保、張天守、段天旻、王清。

萬曆拾陸年拾壹月日。

175. 苑川古廟碣

立石年代：明萬曆十七年（1589年）

原石尺寸：高53厘米，寬70厘米

石存地點：臨汾市洪洞縣興唐寺鄉苑川村

趙城縣苑□□□南□□，□年已遠，風雨頹敝，□不堪栖。據本村香老閆友鄉等發心虔化，本村并各村喜捨資財，已修完畢。建碑□名，□垂不□。祈神謹祐壹方豐稔，而所得抑亦足以償□□捨矣。□得涌泉之水，緣係陸溝輪流使水。切思遵例使水者，□有違例，倚勢强□者甚多。除已往不咎外，今同各頭商議："遵照各該□期澆灌，毋得仍前違例强澆。如有違例者，許當年溝頭呈稟本縣，照依違水例問罪，以杜後弊。溝頭若有隱情不稟，被人訐告，以受賄坐□問罪。"今將各□使水日期開列于後：

南磨上使水叁日，□□□日，宮東村肆日，中渠肆日，後渠肆日，末溝貳日。

重建觀音廟及過水石橋各壹座。小泉水壹股，入官渠公用。各香老姓名開列于後：

懷仁王府輔國中尉克貴、克火，省祭官閆朝臣、閆友鄉、□□□、□□道。

（以下碑文漫漶不清，略而不録）

石匠：劉大江、劉大湖、劉大潮。

□明萬曆歲次己丑三月吉日立。

新建源神廟記

賜進士第文林郎汾州介休縣知縣古洋王一魁撰

縣治東南三十里許有山名洪山下有泉俗謂之源盖即鄭道元水經注所稱石桐水即綿水出介休綿山北流注于汾者而洪山則綿山之[illegible]
勝水以地里求之非是豈禹貢治梁及岐岔注有誤耶余嘗為之辨水自[illegible]而北流東中西三河分[illegible]以此田若干頃計余所為水利者[illegible]
亦不知誰氏殊無可攷山故有源神廟故事每歲三月上巳有司率士人詣廟[illegible]
為風雨者皆曰神古者諸侯方祀祭山川祭法能禦大當則祀若茲源泉既以其水溉為園[illegible]
之則不為非其所祭不為非其所祭則不得謂之淫祀籍令不祀昏猶將義起矧今有其舉之曷敢廢哉[illegible]
南山當面墻立瞻眺弗廣泉出左腋陟廟則泉不可見又基址狹隘垣宇傾頹心切病之夫廟以妥靈也今若茲豈可以[illegible]
建璧洪武十六年重修乃墨漫彩落幾不可辨已又得一石刻剝蝕視之題曰源神碑記道士趙[illegible]撰文前年[illegible]
重建神堂大中祥符七年建碑用是知源神祠廟當自宋以前已有之而其為水利所從來最遠碑文用四六[illegible]
匪是則闔與徵往而觀來要不可棄弗存矣須之[illegible]南山[illegible]有平阜焉喜而登其上則連亘諸峯[illegible]
泉數道瀉出于平阜下兩峰之間如萬斛珠隨地而湧又如鷗如鷺騰騫于烟汀沙渚其殺冷冷然[illegible]
霆下驚鐵騎突出有蕩胞之勢焉余于是喟然嘆曰噫嘻斯不亦神皐靈域[illegible]何不是廟也[illegible]然有意乎[illegible]
先是命[illegible]以水利漫無統束因緣為奸利至不知幾何年積弊牢不可破百姓攘攘益務為囂訟靡寧坐是困敝者不可勝言而[illegible]
過吏茲土者蓋甚苦之甚厭之然亦付之勿問焉已余則謂凡為政者利之也亦平之也令民以利爭非息而弗為之平名雖曰利其實害之[illegible]
此橫目之上一切厭苦靡去之若曹積然謂吾民何吾是以不能無惘然乎衷則為之清其源均其流厰疏其溝堰者約束以平其爭[illegible]
之其鄉馬兼并豪黨當途者欲寘于理以示懲則皆叩頭悔汗于前以願新神廟為詞余乃為白于守道侯公侯公亟報曰可[illegible]于當途者[illegible]
日詮邑之有行誼者董其事余亦時出稍食之入以佐之其它諸土人用灌溉亨其利者亦各輸錢穀為助蓋郡人有言利于己為有[illegible]
阜負離抱坎泉居前夫坎水也而廟當之固其所也況泉水前注視瞻奧壇豈天造也設與正殿五楹塑三神像其中東西廡各五楹殿前[illegible]
宇迴欄陝而脩曲為樓額曰鳴玉樓外有門以木為之門與樓聯絲俱粉堞相屬可散步其上顧而覽之則泉水如鏡蛟龍之窟[illegible]
相應接如虬龍又漁者樵者荷臿者芟牧者饁餉田者相望于山巔水涯亦足懽已極目騁望則挾滸之壄百穀蕃廡其間如足練如杯如帶[illegible]
遠岫連空水天一碧意即汾流為茲水所注者耶門之外地勢漸下作石梯梯竟作小石橋壁坊其工橋曰溥博潤泉廟左旁西偏[illegible]
地若干畝付奉廟人廟之役始于戊子之夏而落成于庚寅之秋規制[illegible]者土人告我曰泉水盛矣又[illegible]
神之靈哉諸薦紳先生暨父老輩咸趨余記余亦謂不可以弗識也以敬其述其顛末勒珉而樹之廟左宋祥符碑亦移置廡下立碑者則[illegible]
集經始樂成得並書之其他諸工役亦載碑陰又作樂歌三章俾歌以侑祀詞曰冠山兮紫宮直天門兮廟通瀕淳淳兮玄醴流飛閣兮曲瓊[illegible]
良浴楙蘭兮沐芳望驂駟兮至止佩長鋏兮琳琅載旌旂兮霎飛揚倏忽吾乘兮下大荒右迎神荔席兮蒟房羞要眇兮滿堂陳鼓鐘兮[illegible]
枝兮搴芳爇蘭膏兮明燭燦昭昭兮未央遺巫陽兮使振萬靈連蜷兮樂康諮義和兮頌響聊逍遙兮徜徉右享神飆車兮龍輈蹇日暮兮焉留
冀州兮揚靈睠恩澤兮悠悠敷應龍兮神谷執女魃兮顯戮山高兮水長五風兮十雨俾三農兮歲有秋介我稷黍兮穀我士女右送神

儒學教諭舉人平定趙[illegible]　訓導肅寧王明德　閬子嶺巡檢保定周鷹賢　義棠驛丞陽曲孫繼孟　[illegible]官侯世爵
縣丞范縣呂師儒　主簿桃源浦洪　典史晉江張應祥　苛嵐張四教　汾州儒學生員潘九成書

176. 新建源神廟記

立石年代：明萬曆十九年（1591 年）
原石尺寸：高 248 厘米，寬 97 厘米
石存地點：晋中市介休市洪山鎮洪山村源神廟

縣治東南三十里許，有山名洪山，下有泉，俗謂之源，蓋即酈道元《水經注》所稱“石桐水即綿水，出介休綿山，北流注于汾”者。而洪山則綿山之旁出者，其實亦綿山也。邑志故稱狐岐山勝水，然以地里求之，非是。豈《禹貢》“治梁及岐”蔡注有誤耶？余嘗爲之辨。水自南而北流，流東、中、西三河分，介人取以溉田，田若干頃，詳余所爲《水利條規碑刻》。其開鑿導利，不知何許時，亦不知誰氏，殊無可考。山故有源神廟故事：每歲三月上巳，有司率士人，詣廟修浮沉，蓋東作溉田時也。余自丁亥秋莅兹邑，越明年戊子春三月，邑人白余。余竊惟山川丘陵，能出雲爲風雨者，皆曰神。古者諸侯方祀祭山川，《祭法》：“能禦大灾則祀。”若兹源泉，既以其水溉舄鹵矣，又時以其氣蒸爲雲雨，即歲大旱猶不至乏絶，夫非所謂神而能禦大灾者耶？若是者，祭之則不爲非。其所祭不爲非，其所祭則不得謂之淫祀。藉令不祀，吾猶將義起，矧今有其舉之，曷敢廢哉！……于是設具走祀，祀畢，周覽其地，審曲面勢，見廟在山之西皐，南向，位置欹側，而南山當面墻立，瞻眺弗廣。泉出左腋，陟廟則泉不可見，又基址狹隘，垣宇傾頽，心切病之。夫廟以妥靈也，今若兹其所以肅明神而迓况［貺］施哉！廟之作，亦莫得其詳，惟渠書至大二年創建，暨洪武十八年重修，乃墨漫粉落，幾不可辨［辯］已。又得一石刻，劆視之，題曰《源神碑記》，進士趙瑨撰文，前并州押衙、銀青光禄大夫、檢校國子兼殿中侍御史徐贇撰銘。碑稱至道三年重建神堂，大中祥符七年建碑，用是知源神祠廟當自宋以前已有之，而其爲水利，所從來最深遠。碑文用四六頗麗，然誕漫纖靡，而闊略于事情，銘及字畫尤爲草草。字復多剥蝕，顧匪是則罔與，徵往而觀來，要不可弃弗存矣。頃之，見南山麓有平皐焉，喜而登其上。則連互諸峰，隆隆南負，左右盤礴，崛起若雙闕，逶迤北下，益蜿蜒映帶，不知其幾里，豁然大觀。而飛泉數道，瀉出于平皐下，兩峰之間，如萬斛珠隨地而涌，又如鷗如鷺，騰騫于烟汀沙渚。其聲泠泠然，鏘鏘然，若理絲桐，鳴環珮也。而逕流百步，派分三河，涵漭澎湃，則又若風雨驟至，雷霆乍驚，鐵騎突出，有蕩胸之勢焉。余于是喟然嘆曰：“噫嘻！斯不亦神臯靈域虖？奈何不是廟也？”余蓋慨然有意乎改作，會士人亦以新廟請，然私念歲祲方銷，公私告匱，不敢輒問土木。先是，介人以水利漫無約束，因緣爲奸利，至不知幾何年，積弊牢不可破。百姓攘攘，益務爲嚚，訟靡寧日，坐是困敝者，不可勝言。而亂獄滋豐，簿牒稠濁，曾不可究詰。諸上官又時或督過，吏兹土者蓋甚苦之，甚厭之，然亦付之勿問焉已。余則謂凡爲政者，利之也，亦平之也。今民以利争弗息，而弗爲之平，名雖曰利，其實害之。亡論諸上官督過，即不焉，而吾日抗顔于此，横目之上，一切厭苦麾去之，若瞢瞶然，謂吾民何？吾是以不能無憫然于衷，則爲之清其源，均其流，廝疏其渠堰，著爲約束，以平其争訟。請于當途者，刊書鐫石，與民更始，盖民甚便之。其鄉焉，兼并豪黨，當途者欲置于理，以示懲，則皆叩頭悔汗於前，以願新神廟爲詞。余乃爲白于守道侯公，侯公亟報曰：“可。”以致于當途者，當途者又輒可焉。于是度地庀材，鳩工卜日，詮邑之有行誼者董其事。余亦時出稍食之入以佐之。其宅諸士人用灌浸亨其利者，亦各輸錢穀爲助。蓋鄙人有言：利于己爲

有德。以彼其利，宜其奔走共事弗後也。卒遷廟于南阜，負離抱坎，水泉居前。夫坎，水也，而廟當之，固其所也。况泉水前注，視瞻爽塏，豈天造地設與？正殿五楹，塑三神像其中，東西廡各五間。殿前數步，甓券門五洞，洞上扣砌爲臺，臺上反宇，迴欄陜而修曲，爲樓額曰“鳴玉樓”。外有門，以木爲之，與樓周繚，俱粉堞相屬，可散步其上。頫而窺之，則泉水如鏡，蚊龍之窟宅隱隱在焉。睥睨則舊址蒼松郁蓊盤屈，與泉上古柏相應接如虬龍。又漁者，樵者，荷臿者，茭牧者，裹餐餉田者，相望于山巔水涯，亦足懼已。極目騁望，則坱漭之野，百穀蕃廡其間，如疋練，如杯，如衣帶，倏有倏無，皆支渠衍溢，异口同源，而遠岫連空，水天一碧，意即汾流爲兹水所注者耶？門之外，地勢漸下，作石梯，梯竟作小石橋，竪坊其上，榜曰“溥博淵泉”。廟左方西偏又作官亭一所，題云“趨稼”，盖祀神時亦即齋居焉。山地若干畝，付奉廟人。廟之役始于戊子之夏，而落成于庚寅之秋，規制棼橑，城墉黝堊，庶幾巍然焕然者。士人告我曰：“泉水盛矣，又新泉六七眼出山下。”余不答，既視之，果然。此詎不謂神之靈哉！諸薦紳先生暨父老輩，咸趨余記，余亦謂不可以弗識也，以故具述其顛末，勒珉而樹之廟左。宋祥符碑亦移置廡下。立碑時，則萬曆十九年辛卯三月三日也。间事寮友某某，經始欒成，得并書之。其他諸工役，亦載碑陰。又作樂歌三章，俾歌以侑祀。詞曰：

冠山兮紫宫，直天門兮顯通。頫渟泓兮玄醴，流飛閣兮曲瓊。豐澤兮下土，萬民戴兮神祐。歷吉日兮辰良，浴椒蘭兮沐芳。望螭駟兮至止，佩長鋏兮琳琅。載旌旂兮雲飛揚，倏忽三乘兮下大荒。右迎神。

荔席兮葯房，美要眇兮滿堂。陳皷鐘兮鳴球，勺流霞兮露英。羞鶨鴜兮投璧，折瓊枝兮搴芳。爇蘭膏兮明燭，燦昭昭兮未央。遣巫陽兮使振，萬靈連蜷兮樂康。詔羲和兮頓轡，聊逍遥兮徜徉。右享神。

飈車兮龍輈，蹇日暮兮焉留。指歸途兮雲際，排帝閽兮夷猶。覽冀州兮揚靈，睠恩澤兮悠悠。敕應龍兮中谷，執女魃兮顯戮。山高兮水長，五風兮十雨。俾三農兮歲有秋，介我稷黍兮，固穀我士女。右送神。

明賜進士第文林郎汾州介休縣知縣古洋王一魁撰。縣丞范縣吕師儒主簿桃源浦洪典史晋江張應祥、儒學教論舉人平定趙璿、訓導肅寧王明德、岢嵐張四教、汾州儒學生員潘九成書。

關子嶺巡檢保定周薦賢，義棠驛驛丞陽曲孫繼孟，管工官侯世爵，水老人丘良美、劉思、楊正欽、王廷榮、張光元、宋希賓、郭有義、温尚玘、張天壽、程仲文、李英、張天禄、段天明，石匠屈應元鐫。

新建源神廟記

賜進士第文林郎汾州介休縣知縣古洋王一魁譔

縣治東南三十里許有山名洪山有泉俗謂之源蓋

勝水也以地里求之非是豈禹貢治梁及岐蔡注有誤

亦不知誰氏殊無可考山故有源神廟故事每歲三月

為風雨者皆曰神古者諸侯方祀祭山川祭法能禦大

之則不為非其所祭不為非其所祭則不得謂之淫祀

南山當面墻立瞻眺弗廣泉出左腋陟廟則泉不可見

建暨洪武十八年重修乃墨湯移落幾不可辯已又得

重建神堂大中祥符七年建碑用是知源神祠廟當自

匪是則閻與徵往而觀来要不可棄弗存矣須之是南

泉數道瀉出于平阜下兩峰之間如萬斛珠隨地而湧

《新建源神廟記》拓片局部

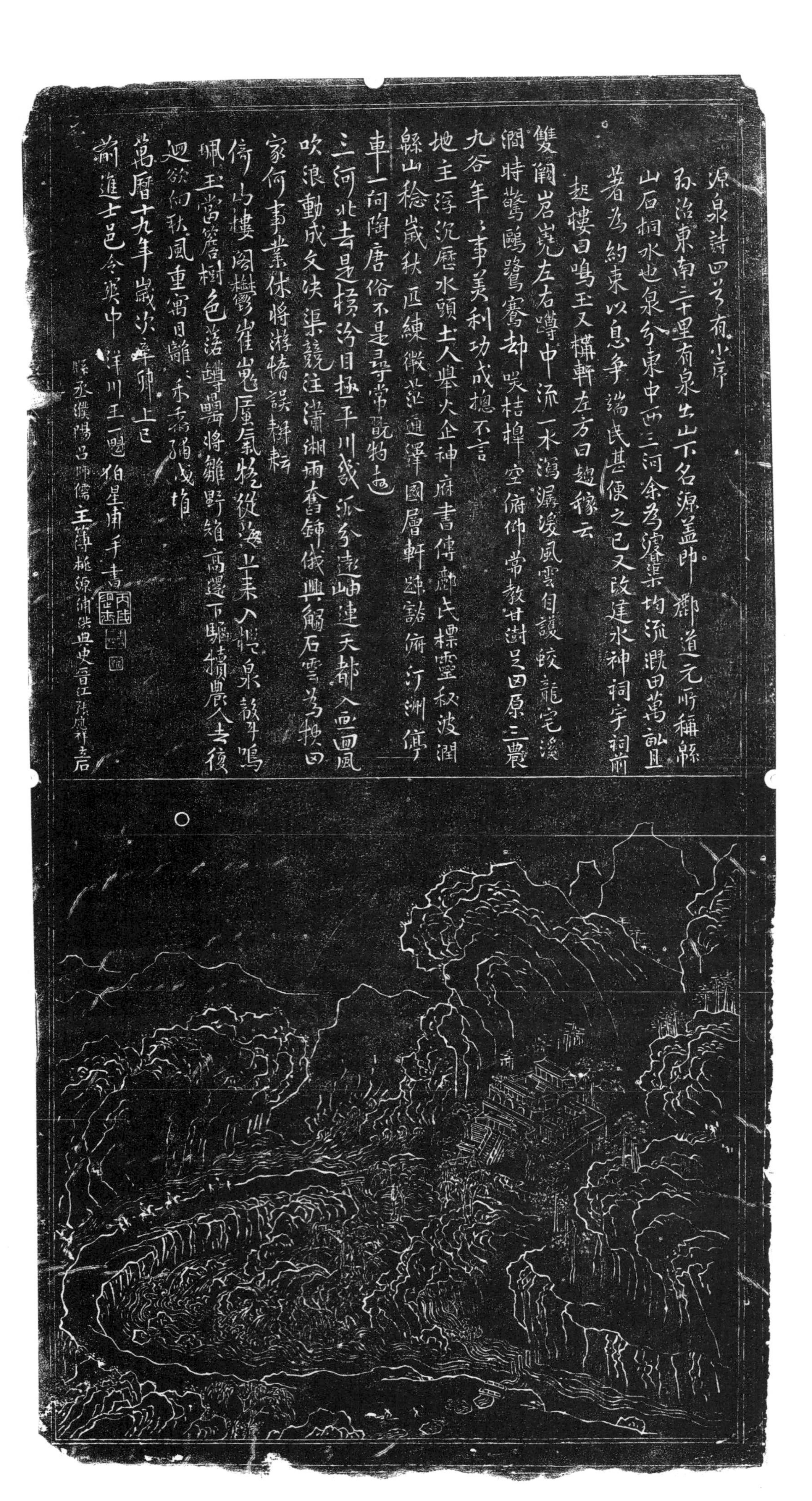
源泉詩四首有小序
孫治東南三十里有泉出山下名源蓋取酈道元所稱縣
山石桐水也泉分東中西三河余為濬渠均流溉田萬畝且
著為約束以息爭端民甚便之已又改建水神祠宇祠前
起樓曰鳴玉又構軒左方曰趣稼云
雙闕岩嶤左右嶂中流一水瀉潺湲風雲自護蛟龍宅溪
澗時驚鷗鷺騫劫哭桔橰空俯仰常教甘澍足田原三農
九谷年年事美利功成總不言
地主浮沉歷水頭士人舉火企神府書傳酈氏標靈秘波潤
縣山稔歲秋匹練微茫通澤國層軒踈豁俯汀洲停
車一問陶唐俗不是尋常覽物遊
三河北去是橫汾目極平川幾派分遠岫連天都入画西風
吹浪動成文決渠競注瀟湘雨奮鍤俄興觸石雲為報田
家何事業休將游惰誤耕耘
倚山樓閣鬱崔嵬蜃氣遙從海上來入耳泉聲平鳴
珮玉當窗樹色落罇罍將雛野雉高還下驅犢農人去復
迴欲向秋風重寓目離離禾黍彌成塡
萬曆十九年歲次辛卯上巳
前進士邑令冀中洋川王一鶚伯星甫手書
縣丞濮陽呂師儒
主簿桃源浦洪
典史晉江張應祥吉

177-1. 源泉詩四首有小序（碑陽）

立石年代：明萬曆十九年（1591 年）

原石尺寸：高 160 厘米，寬 72 厘米

石存地點：晋中市介休市洪山鎮洪山村源神廟

源泉詩四首有小序

縣治東南三十里有泉出山下，名源，盖即酈道元所稱繇山石桐水也。泉分東、中、西三河，余爲浚渠均流，溉田萬畝，且著爲約束以息争端，民甚便之已。又改建水神祠宇，祠前起樓曰“鳴玉”，又構軒左方曰“趨稼”云。

雙闕岧嶤左右蹲，中流一水瀉潺湲。風雲自護蛟龍宅，溪澗時驚鷗鷺騫。却笑桔槔空俯仰，常教甘澍足田原。三農九谷年年事，美利功成總不言。

地主浮沉歷水頭，土人舉火企神庥。書傳酈氏標靈秘，波潤繇山稔歲秋。匹練微茫通澤國，層軒疏豁俯汀洲。停車一問陶唐俗，不是尋常玩物游。

三河北去是横汾，目極平川幾派分。遠岫連天都入畫，回風吹浪動成文。决渠競注瀟湘雨，奮鍤俄興觸石雲。爲扶田家何事業，休將游惰誤耕耘。

倚山樓閣鬱崔嵬，蜃氣疑從海上來。入檻泉聲鳴珮玉，當檐樹色落罇罍。將雛野雉高還下，驅犢農人去復回。欲向秋風重寓目，離離禾黍繡成堆。

前進士邑令關中洋川王一魁伯星甫手書，縣丞濮陽吕師儒，主簿桃源浦洪，典史晋江張應祥立石。

萬曆十九年歲次辛卯上巳。

介休縣東南離城二十里古有狐岐山源泉聖水

計開

胡村與洪山同用一河有南北古石堰一條以致通流至洪山村心分爲兩河有肆陸水平

洪山本村分水陸分胡村分水肆分灘地至大許村十五里

胡村河共水地肆頃柒拾貳畝叁分肆釐

共水粮叁拾捌石貳斗伍升玖合伍勺肆抄

共水程壹拾柒程陸時

皇利

保胜

任梁

管水老人　任時穗　羅美　宋懷珎

張長　任尚德　任廷海　宋用賓

大頭　任秀　宋時智　文應琳

程頭　任天貴　羅美　任守臣　任時旺

李拱　郭交義　宋惟德　宋惟忠　宋疇　宋時金　宋一元　刘志海　宋廷相　李尚才　王天寀　宋世交

萬曆拾陸年拾壹月　日立石

177-2. 源泉詩四首有小序（碑陰）

立石年代：明萬曆十九年（1591 年）

原石尺寸：高 160 厘米，寬 72 厘米

石存地點：晋中市介休市洪山鎮洪山村源神廟

介休縣東南離城二十里，古有狐岐山源泉聖水。

計開：胡村與洪山同用一河，有南北古石堰一條，以致通流至洪山村心，分爲兩河，有肆、陸水平。洪山本村分水陸分，胡村分水肆分，溉地至大許村十五里。胡村河共水地肆頃柒拾貳畝三分肆厘，共水粮三拾捌石貳斗伍升玖合伍勺肆抄，共水程壹拾柒程陸時。

管水老人任時穗、羅美、宋懷珍。渠長任尚德、任廷海、宋用賓。夫頭任秀、宋時智。程頭文應□、任天貴、羅美、任守臣、任時旺、李拱、郭交義、宋惟德、宋惟忠、宋疇、宋時金、宋一元、刘志海、宋廷相、李尚才、王天實、宋世交。

萬曆拾陸年拾壹月日立石。

介邑王侯均水碑記

縣之東曰洪山泉水涌出灌民田得沃壤之利鄉人立廟祀之從來遠矣往者歲月無可考按舊碑至道三年始建神堂乃宋太宗之末年暨元武宗至大二年創修廟宇三楹我

明洪武十八年重修每歲三月上巳縣尹偕演率土人詣廟具一羊一豕祭告神開渠重報本也惟時田有頃畝粮有額設水有程限地獲利而民易足刑不繁而賦易完歷今二百餘年承平既久民偽日滋始有賣地不賣水賣水不賣地之弊故富者買水程而止納平地之粮貧者耕荒墢而尚供水地之賦年復一年民已不堪迨萬曆九年奉例丈地奸巧之徒改立執旁任意兼併以致賠納之家傾貲蕩產無所控籲初為民間美利今為民之大害矣紛爭聚訟簿牒盈几且上官嚴督不勝厭苦丁亥季秋適洋川王公領任正催科之期昔嘗有聞今目擊其弊弗忍坐視遂銳然以更始為己任於是問之父老詢之士夫督同三君浦君躬具水地人户硃墊井結與清冊參覔仍單騎馳歷行水處所親勘高下遠近酌量程限等無遺策自戊子二月至五月終清出各泉河等水地二百二十四頃餘畝水粮一千八百餘石額外餘粮若干通呈

撫按兩院 守巡二道及本州允行出榜曉諭仍鐫石以垂不朽誠足為地方之福百姓荷公更始之恩因有新廟之請自公是廟于泉之北規制宏敞水盛于前書曰至誠感神豈偶然哉憶昔叔孫敖起芍陂而楚受其德文翁穿腴口而蜀以富饒史起鑿漳水于魏鄴有循渠之詠鄭國導涇水于秦谷口有禾黍之謠後世稱水利者必歸焉至今誦之不衰儻是介民享其利于無窮也知源淵之有自寧不以誦四公者誦公邪余首介民也邑孝義甫六世緣監生郭承貴老人宋希賓程仲文溫尚玘張天壽等來託記乃贅詞以志不忘云

萬曆十九年歲次辛卯秋季吉旦

賜進士出身嘉議大夫奉

詔進二品階前四川按察司按察使孝義梁明翰撰

汾州儒學生員牛師堯書

縣丞 呂師儒　典史張應祥

主簿 浦 共　晉工官侯世爵

儒學署教諭舉人趙 璠　吏趙應春

訓導 王明德　工房 書辦馮鵲　楊天祿

訓導 張四教　王春秀

東河王廷[illegible]　郭廷弼　董九奉

丘良美　王承典　劉尚邦　張大珠　羅瓚

溫尚[illegible]　劉思奈　保　楊正朱

西河宋希賓　孟天穆　段　程鴻鵬　薛應林

溫　魏　段登　劉天義　董士良

溫尚玘　楊正勤　董春濟　樊天恩　李時福

劉思　孫孝　羅天才　張時艾

河程仲文　紀首　郭衛民

水老人申[illegible]　吳寵　梁門善　原整　王要　王宗義

趙津　馬時彩　張光成

洪山河張天壽　張光元　任守成

胡村河郭友豪　李英　張賢

冀立　李天成

石匠屈廷元鐫

178. 介邑王侯均水碑記

立石年代：明萬曆十九年（1591 年）
原石尺寸：高 178 厘米，寬 74 厘米
石存地點：晋中市介休市洪山鎮洪山村源神廟

介邑王侯均水碑記

縣之東曰洪山，泉水涌出，灌民田，得沃壤之利。鄉人立廟祀之，從來遠矣。往者歲月無可考。按舊碑，至道三年始建神堂，乃宋太宗之末年。暨元武宗至大二年，創修廟宇三楹，我明洪武十八年重修。每歲三月上巳，縣尹偕寅率士人詣廟，具一羊一豕，祭告神開渠，重報本也。惟時田有頃畝，粮有額，設水有程限，地獲利而民易足，刑不繁而賦易完。歷今二百餘年，承平既久，民僞日滋，始有賣地不賣水，賣水不賣地之弊。故富者買水程而止納平地之粮；貧者耕荒壟而尚供水地之賦。年復一年，民已不堪。迨萬曆九年奉例丈地，奸巧之徒改立契券，任意兼併，以致賠納之家，傾資蕩産無所控。吁！初爲民間美利，今爲民之大害矣。紛争聚訟，簿牒盈几。且上官嚴督，不勝厭苦。丁亥季秋，適洋川王公履任，正催科之期，昔嘗有聞，今目擊其弊，弗忍坐視，遂鋭然以更始爲己任。於是問之父老，詢之士夫，督同三尹浦君，取具水地人户硃契甘結，與清册參兑。仍單騎馳歷行水處所，親勘高下遠近，酌量程限，算無遺策。自戊子二月至五月，終清出各泉河等水地二百二十四頃餘畝，水粮一千八百餘石，額外餘粮若干。通呈撫、按兩院，守、巡二道及本州，允行，出榜曉喻，仍鎸石以垂不朽。誠足爲地方之福。百姓荷公更始之恩，因有新廟之請。自公遷廟于泉之北，規制宏廠，水盛於前。《書》曰“至誠感神”，豈偶然哉！憶昔叔孫敖起芍陂，而楚受其惠；文翁穿腴口，而蜀以富饒；史起鑿漳水于魏，鄴界有稻粱之咏；鄭國導涇水于秦，谷口有禾黍之謡。後世稱水利者，必歸焉，至今誦之不衰。胤是介民享其利于無窮也，知源淵之有自，寧不以誦四公者誦公邪？余貫介民也，遷孝義甫六世，緣監生郭永貴、老人宋希寶、程仲文、温尚玘、張天壽等來托記，乃贅詞以志不忘云。

賜進士出身嘉議大夫奉詔進二品階前四川按察司按察使孝義梁明翰撰，汾州儒學生員牛師堯書。

縣丞吕師儒、主簿浦洪，儒學署教諭舉人趙璿，訓導王明德、張四教，典史張應祥，管工官侯世爵，工房吏趙應春、楊天禄，工房書李鴻鵠、董養秀。

水老人東河王廷榮、丘良美，西河宋希寶、温尚玘，中河劉思、程仲文、吴亮、趙津、馬時彩、張光成，洪山河張天壽、張光元、任守成，胡村河郭友義、李英、張賢、冀立、李天成。

糾首王永興、温尚深、孟天穩、温魏、楊正勤、郭衛民、梁明善、劉尚邦、劉思、段現、段登、董養濟、孫孝、康整、郭廷別、張大珠、秦侃、程鳴鵬、劉天義、樊天恩、羅天才、王要、董九奉、羅璞、楊正朱、薛應林、董士良、李時福、强時文、王永義。

石匠屈應元鎸。

萬曆十九年歲次辛卯秋季吉旦。

179. 重修龍王殿墙并隨廟地記

立石年代：明萬曆十九年（1591 年）

原石尺寸：高 40 厘米，寬 68 厘米

石存地點：晋城市西上莊街道馮匠村白龍宫

重修龍王殿墻并隨廟地記

澤城西馮家庄地有白龍王廟，歲久墻毁。合社捐財，遂爲重修。廟貌焕然，神人胥慶。但廟去庄頗遠，守者無資，暫住遂去。故户牖盜竊，深爲可惜。鄉中父老患之，會衆共議：白楊墓有祖墳貳所，歷年已遠，祭掃無人，堪以開墾，與守廟者耕種以爲日用之資。遂于是年肆月内率衆開熟，記地貳畝伍分。其肆至條段，界限昭然。恐日後弊生，爲豪强侵占，因勒于石，永爲遵守，庶後人有所考焉。是爲記。

澤學庠生宋世勛撰，鄉約耆老宋世貴書。

社首六人俱銀一錢五分。

社首：宋必科、宋雲路、宋時中、宋效思、宋孟義、宋毅中。

合社：宋仕秋、宋必登、宋之郊、宋必忠、宋自修、宋用中、宋時明、邢継楊。俱銀一錢。宋世禄、宋光祖、宋必高、宋克勤、宋用予俱銀六分，宋仕祥、宋良輔、宋朝喜、宋之祁、宋必顯、宋居敬、宋光明、宋正心俱銀五分，宋之韓、宋元仁、宋尚松、宋仕冬、張守忠、劉景安、俱銀四分，宋元臻、宋之羊、宋之蘇、宋曾義、宋朝宣、宋光先、宋必用、任才興俱銀三分，宋朝器、宋元獻、宋效孔、宋彦登、宋尚文、宋云苗、宋光間、宋敬中、宋加□、張孟春、袁國珍俱銀二分，宋世□、宋□義、宋仕富、宋克明、宋光大、宋國安、宋玉、宋天云、宋光彩、宋汶增、張朝中、張朝山、□□坤、張朝紳俱銀一分。

本廟住持道士陳守紀。

木工：張□□、□將。石工：楊進忠。

大明……立石。

祈雨碑記

180. 祈雨碑記

立石年代：明萬曆二十年（1592 年）
原石尺寸：高 72 厘米，寬 45 厘米
石存地點：晉中市太谷區文物管理所

〔碑額〕：祈雨碑記

祁縣胡帳都長頭村拜雨善友八人發心……

助緣人：郝大勝、郝愷、郝希曾、郝希順、閆天福、閆自世……郝祐、郝廷用、郝恥云、閆槐、何律、張好仁、許道至……郝光、芦寬、王言、王可攀、郝大學、郝習、郝大敬、郝……郝丙、李師、郝□、趙倫、古支仕、郝祚、郝國仁、郝統、王……郝希鸞、郝思孟、喬廷豸、王的、郝好仁、郝普、郝思欽……郝大瑞、梁大汗、許宗剛、段班貴、王春思、王□禄、……郝尚元、頡光仁、王保、郝大貴、郝明義、郝思正、閆味……段云周、王世寧、王浮、王貴、郝虎、郭智、趙敏、張……大意、柴言、牛進學、芦勝、游海、郭進保、刘思雨……王金、張冲雷、郝進文、張云、郝大玘、郁貴、張天雷……郝思智、王鸞、張才貴。

金妝寧公佛：郝大勝、閆氏、郭氏。

金妝□□佛：郝希曾、王氏，男郝爲仁。

金妝磨斯佛：許大禄、張氏。

女善人：岳妙明、姜妙三……李妙貴、郁妙善……閆妙世、高妙福、李妙禄……劉妙真、申妙明、李妙還……

時大明萬曆二十年歲次壬辰季春三月吉旦。

本[illegible]

[illegible]鹽池神廟碑記[illegible]

[illegible]致之祭[illegible]曰聖王之制祭祀也山林川谷丘陵能出財用利民者則祀之非此族也不在祀典[illegible]

太祖高皇帝底[illegible]為百神主始正其位號中殿曰東西鹽池之神左曰中條山之神右曰風洞之神[illegible]行[illegible]也[illegible]

國課下而民生悉藉神功斡旋於其間南風一起倏忽成鹽不假人力為利甚博我[illegible]山風行水上氣候相應者也故鹽雖資於水而其機則[illegible]

朝二百年來[illegible]以佐百姓之急[illegible]者其功豈減於浙[illegible]通氣[illegible]因[illegible]也故[illegible]不類稱竊意在天之靈必有歉焉而不平者矣邇歲水

於[illegible]此[illegible]制[illegible]隆不可偏[illegible]池神之[illegible]

涂頻仍鹽不生[illegible]也前直指春寧蔡公[illegible]斯[illegible]

清前議更已新祠宇[illegible]

嘅顏名以彰其[illegible]

[illegible]

恩賜以嘉名曰靈佑祠[illegible]經營之以報滿代去余以

命改造二殿與池神殿[illegible]至雲集正殿仍舊而加修飾左右二殿舍其舊而新是圖運土築基肇執伐居芟其蕪剪其穢

天子之命不可久虛神廟[illegible]神廚土地廟亦更置之[illegible]氣象巍然煥然三殿茲尊嚴無等殺總而標於門額曰

潤其地形穹其棟宇[illegible]

欽賜靈佑祠[illegible]之十月落成於壬辰之三月不傷時不害民不勸助有足嘉者即今廟貌聿新儀衛森列神之格

[illegible]上川[illegible]以翊[illegible]

思洋洋如[illegible]

皇明[illegible]萬年無疆之[illegible]

萬曆二十年歲次壬辰[illegible]北[illegible]蔣春芳謹撰

督理工程運司同知黄兆隆　分理工程巡池指揮盧永勳　解州判官張兆暘　管工省祭尚孝

副使顏惠龍　安邑縣縣丞胡璉　孫瑞　立石

181. 奉敕重修鹽池神廟碑記

立石年代：明萬曆二十年（1592 年）

原石尺寸：高 283 厘米，寬 99 厘米

石存地點：運城市鹽湖區鹽池神廟

奉敕重修鹽池神廟碑記

嘗考之《祭法》曰：聖王之制祭祀也，山林、川谷、丘陵能出財用利民者則祀之，非此族也，不在祀典。河□運司□□神廟，歷代相……太祖高皇帝底定中原，爲百神主，始正其位，號中殿曰“東西鹽池之神”，左曰“中條山之神”，右曰“風洞之神”，□在祀典。有司□□□行，莫□廢也。上而國課，下而民生，悉藉神功斡旋於其間。南風一起，倏忽成鹽，不假人力，爲利甚博。我朝二百年來，所以佐百姓之急，供軍國之需者，其功豈減於浙淮哉！第山澤通氣，脉絡相因者也。故鹽雖産於池，□其原則根於山，風行水上，氣候相應者也。故鹽雖資於水，而其機則起於風。彼此可相有，不可相無；廟制可并隆，不可偏重。今池神之殿，□□宏麗，雄□於中。而條□、風□二殿，□□□次，規制卑隘，大不類稱。竊意在天之靈必有歉焉，而不平者矣。連歲水潦頻仍，鹽不生花，良有以也。前直指春暉秦公有感於斯，兩舉祭告，倏□水減，鹽□□□□歲。以故□功於神之靈應，題請爵號，更乞新祠宇，賜額名以彰其靈。天□曰：“□，可。”其□□於□部，□部議覆，□恩賜以嘉名曰“靈佑祠”。仍命改造二殿，與池神殿埒，甚盛典也。未幾，□公以報□代去，繼□□□林公至，捐金采木，方欲經營，亦以報滿代去。余以天子之命不可久虚，神廟之工不可□□，乃諏□□，□群工，徵□□，鳩畚□，一時庶民子來，□至雲集。正殿仍舊而加修飾，左右二殿，捨其舊而新是圖。運土築基，輦磚伐石，芟其蕪，蠲其穢，闊其地形，穹其棟宇，闢其廊□，而又益以香□，繞以石□，□以垣墉，隆以二角門。至於神厨、土地廟，亦更置之，非復舊矣。規模氣象，巍然焕然，三殿并尊，略無等殺，總而標於門額曰：“欽賜靈佑祠。”□□□揭，鳳翥鸞□，金碧輝煌，照耀人□。山川生德色，草木有□榮矣。□役也，經始□辛卯之十月，落成於壬辰之三月，不傷財，不害民，不勸助，有足嘉者。即今廟貌聿新，儀衛森列，神之格思洋洋如在，必將鑒於□□，□□□福，陰陽……以……以翊□我皇明億萬年無疆之治，或者可……

欽差巡按山西□□□□御史北海蔣春芳謹撰。

督理工程：運司同知黄兆隆，副使顧應龍。分理工程：巡池指揮盧承勛，解州判官張兆暘，安邑縣縣丞胡璉。

管工省祭尚志、孫瑞立石。

萬曆二十年歲次壬辰孟夏□□。

[illegible]廟記

進士出身兵部職方清吏司主事前長子令豫人何[illegible]出圖譔

[illegible]縣西郗[illegible]偉發鳩山焉形盤[illegible]四週如螺濁漳出其下滂濞渟滙溢而後注土人為構祠其上曰靈湫作之者[illegible]難漫不可

考[illegible]靖道其精英神異能禦災捍患故靈之也萬曆丁亥歲余受

命蒞是土會大旱野無青草乃為戒牲於黍稷謁靈湫而禱之土人携老幼隨余泣拜者以千數禮成使[illegible]如聲響之[illegible]

茲有頃[illegible]冉冉四合遂大澍雨於乃蘇余謂山川有神因人心通其靈既歲尸祝之必敬亦由是比歲[illegible]神命[illegible]

土人重騎有撤其守而新之者開闊界邑歸以金碧既僝工會余將以職方新

去僧圖海土人馮子[illegible]等謁堂下請曰往丁亥之前長子蓋比年旱當事者嘗冠蓋相望祈靈既而不應也乃侯以令[illegible]

[illegible]大澍雨又止嘗地歉磽[illegible]歉荒祲不敵饑之半何乃六期之風雨時民甦而祀無廢也抑又以蠡餘供營繕而拓湫隘[illegible]

徼福令公俾靈湫永其況祝靈湫有綮誰忘令公哉令公且行識無辭後毋之祲旱何狀茲不腆所望之役自令公始請一[illegible]

[illegible]運可乎夫禮

天子祭四瀆侯王君公祀其境內山川制也魯大小郊春秋譏之豈非以法不得而祀者瀆耶靈湫之祀齊人思得而尸之[illegible]

祭文水庸水庸何神民利之再利之而祀可以昭專有也靈湫貌簪珥亦不鮮何本第以所靚靈異于民亦大功德矣獺祭[illegible]

祭獸[illegible]者有報本之思何況乎長子[illegible]于是不暇辨其瀆而以蜡祭水庸過之嘉其過豺獺遠矣乃不辭而[illegible]之記[illegible]

萬曆二十年歲次壬辰秋[illegible]之吉 縣丞王大治 主簿李思恭 典史王[illegible]能 工[illegible] 石[illegible]

182. 重修靈湫廟記

立石年代：明萬曆二十年（1592年）
原石尺寸：高132厘米，寬66厘米
石存地點：長治市長子縣靈湫廟

重修靈湫廟記

長子縣西鄙，盖有發鳩山焉，形盤矗，四周如螺，濁漳出其下，滂濞渟匯，溢而後注。土人爲構祠其上，曰“靈湫”。作之者雖漫不可□，然嘖嘖道其精英神异，能禦灾捍患，故靈之也。萬曆丁亥歲，余受命來莅是土。會大旱，野無青草，乃爲戒牲牷黍稷，謁靈湫而禱之。土人携老幼隨余泣拜者以千数。禮成，凄然傖然，如聲響之□。居有頃，雲冉冉四合，遂大澍雨，禾乃蘇。余謂山川有神，因人心通其靈貺，歲尸祝之必敬。亦由是比歲登穰，而靈湫之神愈益爲土人重。時有撤其宇而新之者，閈閎罘罳，飾以金碧。既僝工，會余將以職方新命去，僧圓海、土人馮子安等謁堂下，請曰：“往丁亥之前，長子盖比年旱，當事者嘗冠盖相望，祈靈貺而不應也，乃屬以令公□□，獲大澍雨。又，上黨地岩碕較，数歲穰不敵饑之半。何乃六期之風雨時，民蘇而祀無廢也，抑又以贏餘供营缮而拓湫隘也。□□徼福令公，俾靈湫永其况祝，靈湫者繄誰忘令公哉！令公且行，誠無解後此之穰旱何状？玆不腆丹堊之役，自令公始，請一□□□□重可乎？”夫禮，天子禋四瀆，侯王君公祀其境内山川，制也。魯大卜郊，《春秋》譏之，豈非以法不得而祀者瀆耶？靈湫之祀，齊人惡得而尸之？然□祭及水庸，水庸何神？民利之耳。利之而祀，可以昭傳存也。靈湫貌簪珥，亦不解何本，第以所觀靈异于民，亦大功德矣。獺祭魚，□祭獸，彼蠢然者有報本之思，何况乎長子之民！于是，不暇辨其瀆，而以蜡祭水庸通之，嘉其過豺獺遠矣。乃不辭而爲之記。

賜進士出身兵部職方清吏司主事前長子令豫人何出圖撰。

縣丞王大治，主簿李思恭，典史王夢熊。工給吏□□□，石工張□□□。

萬曆二十年歲次壬辰秋九月上浣之吉。

介休縣水利碑

183. 新浚洪山泉源記

立石年代：明萬曆二十一年（1593 年）
原石尺寸：高 170 厘米，寬 76 厘米
石存地點：晋中市介休市洪山鎮洪山村源神廟

〔碑額〕：介休縣水利碑

新浚洪山泉源記

按介休於汾屬邑中，稱爲沃野，豈不以洪山源泉之利溥哉！泉在縣東南三十里，一派分爲東中西三河，計溉田萬畝餘。往莅兹土者，决渠均流不虛也。然水不加多，蓋泉源未浚，地靈若有待耳。迨今癸巳春余行縣，詢百姓之利病，衆以洪山水利對。余慨然欲大興之，即往尋源頭，語諸吏民曰："牧民者無先於興利，興利者無大於引水。斯泉也，其灌浸誠遠，其利賴誠弘，儻尚有源可浚而廣乎！"乃遍相地理，躬歷川麓，見夥石鳩雜之處，水雖微出，有迅激之狀，叩其中，津津然尚多蓄也。因捐俸金，命里人挑河浚池，以典史藺崇郅董其事。不日開出小泉七孔，大泉一孔。大者如汲水之桶，小者如瓶口，如鵝眼，又如古木之竅穴。雲隨决起，雨逐鍤至，若蛟龍競注，若江海輒溢，水際昔不翅倍之？其順流而逝也，莘莘將將，椐椐轠轠，麗崖曲隈，苃畛谷分。其自高而下也，噴激波涌，若皓鷺之翱翔，又若素車白馬帷［幃］蓋之騰張。其灌於南阡北陌也，水流有聲，清風徐來，禾黍油油。農人荷鉏而傴僂，樵子蹇裳而蹶趋，傍觀者掀髯而鼓腹，問津者語喇喇不休。其西疇告成，薦之廟紀，而奉之父母也。黍稷苾芬，明德馨香，又孰非此水之豐潔者致之哉！士人踴躍歡呼，以爲神明。此詎直一時之利，將千百祀是賴焉。昔西門豹治鄴，有漳水弗用溉田，當時謂仁智未盡。至史起引之，聖令之歌，迄今猶有余芳。介令王君，日惟民瘼孜孜，訟平政理，蓋亦嘗一至其地，審其利病，决其淤塞，期爲民便，然而未有所創也。是用勒石繪圖，并紀其事，俾後之人考焉。激流揚波，履畝歸恩，廝水頌德。夫因天分地，家給人足，開前垂後。余先於汾通向陽、上林諸泉，灌汾陰而閭閻富，繞黌泮而文運興，士民稱便。兹復開介之源泉，不益有以廣其利乎？且汾素號難理，今值天心厭亂，奸宄斂迹，獄訟省减，民俗士風，寖淳寖正。兹非幸乎？天哉！是爲記。

敕授文林郎尋陞奉直大夫山西汾州知州洛陽劉衍疇書，介休縣知縣王正巳繪圖，縣丞李賦訥，管工典史藺崇郅同立。

時萬曆二十一年歲次癸巳秋九月之吉。

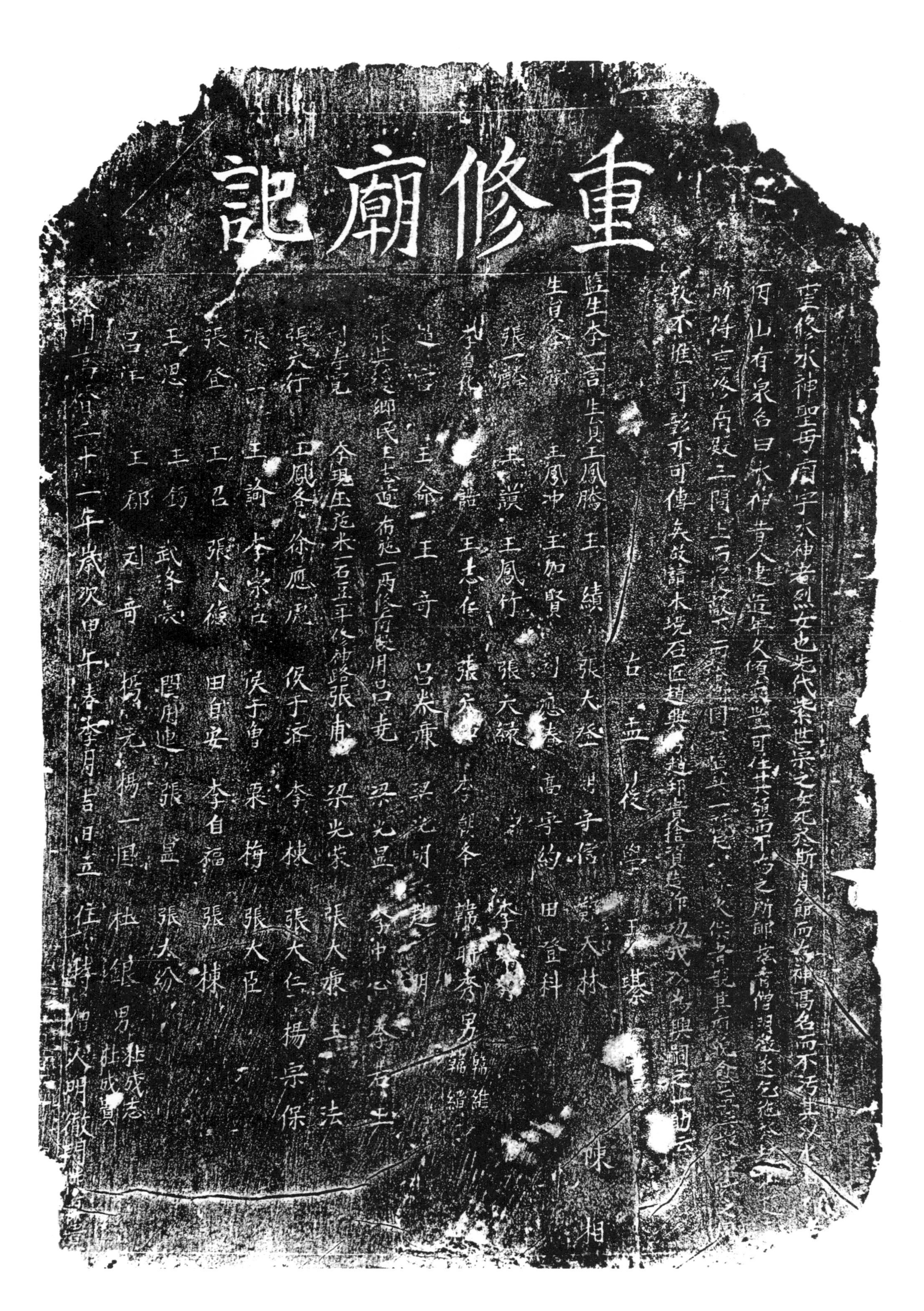

184. 重修水神聖母廟宇

立石年代：明萬曆二十二年（1594 年）

原石尺寸：高 92 厘米，寬 65 厘米

石存地點：陽泉市盂縣烈女祠

〔碑額〕：重修廟記

重修水神聖母廟宇

水神者，烈女也。先代柴世宗之女死於斯，貞節而爲神，高名而不污，其以水□□。因山有泉，名曰水神。昔人建造年久傾壞，豈可任其頽而不爲之所耶！玆有僧明徵遂乞施於坊□□所得，重修南殿三間，上而覆□，下而□□，同不□□一新□，火□者，觀其廟貌，愈益……教不惟可彰，亦可傳矣。故請本境石匠趙興□、趙邦貴捨資造作，功成，以爲興嗣之一助云。

古盂後學王璪書。

監生李一言，生員王鳳勝、王績、張大登、高守信、鄧天林、生員李□、王鳳冲、王加賢、刘應春、高守約、田登科、張一麟、王謨、王鳳竹、張大綠、□□□、李□□、李□化、□□詣、王志仁、張大□、李朝學、韓昕秀、男韓維、韓縉、趙言、王命、王奇、吕眷廉、梁光明、趙明。

張其□鄉民王志道布施一两修南殿用：吕堯、梁光显、李中心、李若玉、刘涛寬、李現玉施米一石、豆一斗修神路，張甫、梁光蒙、張大廉、王法、張大行、王鳳名、徐應彪、侯于濟、李棟、張大仁、楊宗保、張□一、王諭、李崇□、侯于曾、栗梅、張大臣、張登、王召、張大德、田自安、李自福、張棟、王恩、王鐲、武脩義、閆用連、張盛、張大紛、吕洋、王郡、刘奇、楊元、楊一國；杜銀、男杜成志、杜成貴。

住持僧人明徹，門徒□□。

大明萬曆二十二年歲次甲午春季月吉日立。

皇帝萬歲萬萬歲
日
月
萬曆二十二年四月十八日立碑
畫匠閆英

185. 建修后土龍天廟碑記

立石年代：明萬曆二十二年（1594年）

原石尺寸：高93厘米，寬57厘米

石存地點：太原市婁煩縣天池店鄉河北村

〔碑額〕：皇帝萬歲萬歲　　日　月

建修后土龍天廟碑記

且夫鬼神者，天地之功用，造化之迹也。視之而弗見，聽之而弗聞。無形與聲，宜若無所用其敬。殊不知鬼者，陰之灵也，神者，陽之灵也。化生万物，莫非陰陽合散之所爲，敢不敬乎？能使人齊明盛服，□承祭祀□□乎？如在其上，如在其左右，上自天子，下至庶人，莫不用其誠焉。然古者立庙，蓋引圖形，使人見衆作佛，改惡□爲善也。但世教弃民不信心，今已久矣。始有山西太原府静樂縣南五都，难城一百二十余里河北村善誘褚洋、蘇應楝、韓尚其、蘇應閣、關英、□環，僧人常寬，時至心有感□，乃虔誠舉頷衆村議曰：古神堂里者可立庙窠，仰百山之峨，□□□□之巍口，栖神之處莫過于此。于是喜捨財物，置用木石，新燒磚瓦，良時吉日起工修蓋。先立龍天庙一座，復修聖母庙一楹，鐘楼一楹，内塑聖象，五彩金妝，焕然□規。工完已畢，起立神會，四方降香，有感有應，祈四時風調雨順，保一方人畜皆安。今勒碑刻銘，開列于后，□萬世而無敝可也。

嵐邑庠生朱九山撰書。

捨衆：張晏、張用、張順，共地三垧。

願信：連登、連應□、連應弼，共地三垧；蘇應格共地一垧；邢大金共地一段，各一垧；家人祈□地北□垧。

本都陰陽閆大付、刘廷用。

塑匠：石□。

石匠：王仲義。

鐵匠：褚朝臣、廉灯、程仲禄。

木匠：屈廷會、屈環、康氏。

畫匠：閆英。

萬曆二十二年四月十八日立碑。

龍王碑記

186. 重修廟碑記

立石年代：明萬曆二十二年（1594 年）

原石尺寸：高 115 厘米，寬 60 厘米

石存地點：運城市絳縣磨里鎮炭元河村三聖廟

〔碑額〕：龍王碑記

重修廟碑記

維我絳邑東五十里，山庄名曰楊樹者，近河。此山下舊有三神庙曰關王、曰龍王、曰土地者。關公大帝正氣冲天，萬代景仰；龍王潤澤生□；土地保護山谷。神功默運，維人世於康寧福□者，良有賴也。然神依人而血食，人敬神而知禮。若庙制未修，何以悦神？隆慶庚午□□□隱賢王君諱聚珍者，思仁智而樂山水，每履斯境，輒嘆庙宫闕狀，慨然以修舉爲任，第恨基止隘……甚盛心也。謂庄士王得山者，同心協力，共成聖事，但偶值天時不順，人遭困厄，竟弗克成。惜哉！□君竊有志而未遂。萬曆甲申，時和年豐，本庄善士張廷禄等衆輸財效力，悉心修建正殿五楹。關聖帝居中，龍王神左，土地神右。殿庭肅然，門堂秩然，垣墉廡舍皆炳然可仰，洋洋乎如在其上，如在其左右。規制視昔焕乎大改觀矣。經始於甲午孟秋，越壬申，工訖。刘洪澤等率請記於余，勒之貞珉，以識不朽。王偉、王体樂贊成之。兄弟相謂曰："吾先父始謀之志，今克遂矣。"余惟以庙貌之森嚴係人心之敬畏，必謹必戒，及時致祀焉。□也，善士兹□關於庄□最巨，其在一時風勵興起，善念恒存。《易》曰："積善之家，必有餘慶。"他日賢人輩出，□有振河山而光海宇者，神聖默祐之功，豈淺淺哉！烏容以不記。千百載之下欲知修□者，尚觀於斯云。

本村選貢致仕官敬齋子王脩撰，本村省祭官柏庄子王化篆，本村鄉約正雙溪王好問書。

起建維那頭：趙有得、刘招、張廷福、王禄。

重修維那頭：趙滿倉、柴滿倉、張滿倉、刘洪澤。

本村石匠：孫汝貴、孫汝林刊。

玉馬：王一林、尚汝金。

時萬曆二十二年七月吉旦。

187. 龍天廟碑記

立石年代：明萬曆二十二年（1594年）

原石尺寸：高163厘米，寬66厘米

石存地點：晋中市壽陽縣平頭鎮

〔碑額〕：碑記

□□西五十里許，有村名曰玄崖。鍾山之秀，萃地之靈，其民庶而富，其□□而□。猗歟休哉！不可尚已。古設廟記，内塑龍天神者，以爲村民祈報之所。歲□□壞，□崖侵害者多矣。村衆賢善會遷□之□□，恐有□損其形也，失乎神明之体，泯其神也。忘乎祀事之本，乃不得已，□之東，就之□，□地之修，燦然畢具。变其舊，更□新，神居之所，森然可觀。以之而徼福免禍者□也；□之而祈德報功者此也；以之而小邑行乎大道亦此也。擇地而居，智也；捨財施地，仁也；建廟設像，禮也；盡己而爲，忠也；以實而行，信也。一轉移之間，而□善咸備，賢善之舉不亦□异於人也哉？愚贅之石，萬世不朽。

晋庶府儀賓李先科書撰。

修造主僧人田清貴，□匠□□。

萬曆二十二年歲次甲午季秋月吉日。

新建廟門碑誌

188. 創建廟門屏誌

立石年代：明萬曆二十三年（1595 年）
原石尺寸：高 150 厘米，寬 65 厘米
石存地點：晋城市澤州縣金村鎮府城村玉皇廟

〔碑額〕：創建廟門屏誌

創建廟門屏誌

晋澤濩澤迤東違城幾一舍聚名府城，説者謂秦漢時欲於此營府治不果，因以名之。隋時居民於聚之北阜建廟宇三楹，内繪三清神像，至今原廟存焉。徵之碑銘，可考鏡已。迨宋熙寧丙辰，本鄉旱乾已甚，鄉民祈禱於此，既而甘雨滂沱，鄉邑沾足。耆民李宗顔、秦恕等深感神工，於舊廟稍西度地位□相形土□，創建廟宇三院，共計百楹有奇。最後正殿繪昊天玉帝，左右繪三官四聖。兩廡繪九曜星君、十二元神、二十八宿、太尉等神。中爲行神、献享殿，左右繪東嶽、五瘟、馬明、地藏。兩廡繪禁王、五道、高□等神。歷代修舉廢墜，皆有碑誌，不復贅矣。

皇明嘉靖中葉，本聚續公諱恒號曰東坪，爲宣寧王府儀儐，樂善好禮人也，大捐資財。睹廟宇傾圮者更張之，神像剥落者塈飾之。巍然焕然，俱革故而□新。東廡關王祠舊制狹隘，公充拓其基址，崇高其殿榭，凡木石繪彩，公獨捐焉。又創建香亭三楹及鐘鼓二楼，内外整飾，殿廡壯麗。繇是本廟甲於諸鄉，載於郡乘，誠爲濩澤一奇觀也。

然有善風角者咸謂，廟貌雖崇，門外缺一屏障。盖廟門宏敞，前無樹塞，猶人開巨□，似吞噬之狀，然而廟下人物豈得寧居無恙哉？比余祖居行山之東，萬曆癸酉領賢書後，厭其道路崎嶇，卜居於此。越載癸未，□受交河□。丙戌值外艱，讀禮家居，鄉人咸以堪輿之言謀及焉。乃捐俸薪，創建門屏一座。縱三丈四尺，横一丈五尺。所費約四十餘金。助不給者，本廟七社□民。至於殚心竭慮，鳩工督後，則廟僧悟省厥功猶懋也。經始於戊子歲，落成於辛卯歲。時余宦游鳳陽陝右，乙未歲復罹内艱抵家，悟省因乞一言以誌其事。余不辭其譾陋，叙其顛末云。

原任交河太康渭源縣知縣、前鳳陽府同知、郡人清宇林一桂謹撰，晋澤逸民允中續禹統書篆。

玉工陳思慶鎸。

時皇明萬曆貳拾叁年，歲在青羊黄鐘月吉旦立石。

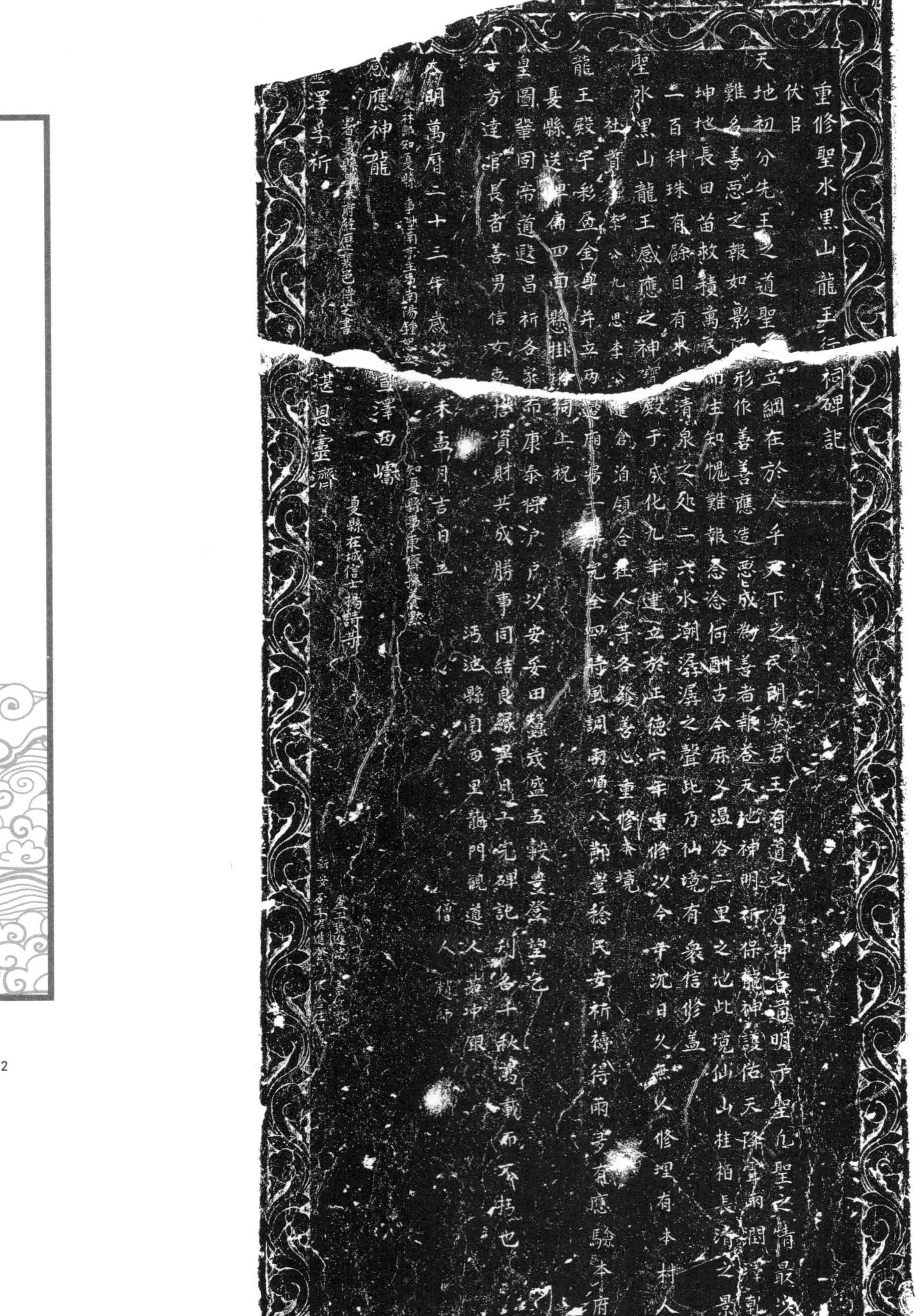

189. 重修聖水黑山龍王行祠碑記

立石年代：明萬曆二十三年（1595 年）

原石尺寸：高 150 厘米，寬 59 厘米

石存地點：運城市夏縣西山龍王廟

重修聖水黑山龍王行祠碑記

伏以天地初分，先王之道聖☐立綱在於人乎，天下之民朗然。君王有道之君，神者通明于聖。凡聖之情最以難名，善惡之報如影隨形，作善善應，造惡成爲善者報答天地神明，祈保龍神護佑，天降甘雨，潤澤乾坤，地長田苗，救積萬民，而生知愧難報，念念何酬。古今麻义温谷二里之地，此境仙山，桂柏長清之景二百科珠有餘。目有水遠清泉之处，二六水潮潺潺之聲，此乃仙境。有衆信修盖聖水黑山龍王感應之神寶殿，于成化九年建立，於正德六年重修，以今年沉日久，無人修理。有本村人社首李公九思、李公進倉，洎領合社人等，各發善心，重修本境。龍王殿宇，彩畫金身，并立兩邊厢房，一概完全，四時風調雨順，八節豐稔，民安祈禱得雨多有應驗。本府夏縣送牌扁四面，懸挂琳祠。上祝皇圖鞏固，帝道遐昌，祈各家而康泰，保户户以安妥，田蠶茂盛，五谷豐登。望乞。

十方達官長者善男信女喜捨資財，共成勝事，同結良緣，异日工完，碑記刊名，千秋萬載而不朽也。

沔池縣南西里龍門觀道人茹冲銀，僧人趙師，文林郎知夏縣事陞南京主事南陽鍾恕立。

感應神龍，宣澤西巘。靈澤孚祈，湛恩靈濟。

知夏縣事東齊孫養默，署夏縣事本府經歷襄邑傅芝書，夏縣在城信士楊詩等。

畫工：張進忠、秦汝敬。新安石工：侯進登、侯金住。

大明萬曆二十三年歲次乙未孟月吉日立。

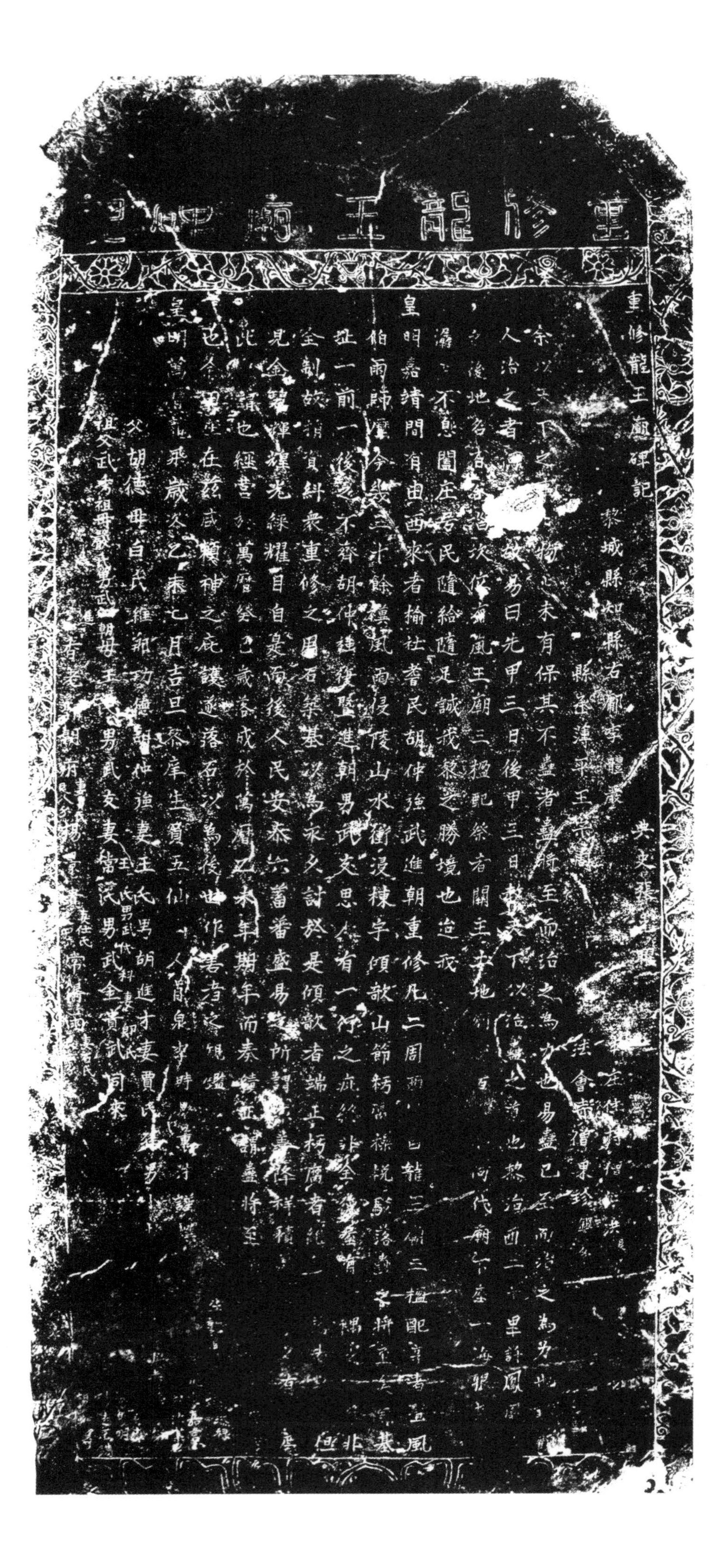
重修龍王廟碑記

190. 重修龍王廟碑記

立石年代：明萬曆二十三年（1595 年）

原石尺寸：高 163 厘米，寬 70 厘米

石存地點：長治市黎城縣上遥鎮柏峪腦村龍王廟

〔碑額〕：重修龍王廟碑記

重修龍王廟碑記

余以天下之事事物物，未有保其不蠱者。蠱將至，而治之爲力之易；蠱已至，而治之爲力也難。人治之者何□□。故《易》曰：先甲三日，後甲三日，教天下以治蠱之道也。黎治西二十里許，鳳凰□之後，地名百谷□，坎位，有嵐王廟三楹，配祭者關主、土地，□□□□□何代。廟下座一海眼，其□潺潺不息，闔庄居民隨給隨足，誠我黎之勝境也。迨我皇明嘉靖間，有由西來者，榆社耆民胡仲强、武進朝重修。凡二周，西□白龍王廟三楹，配享者暨風伯、雨師。歷今幾三十餘祀，風雨侵陵，山水衝浸，棟宇傾欹，山節朽腐，欂棁駁落，蠱之將至矣。□基址一前一後之不齊。胡仲强復暨進朝，男武友，思人有一行之疵，終非全德，屋有一隅之□□，終非全制。故捐資糾衆重修之。用石築基，以爲永久計。於是傾欹者端正，朽腐者維……見金碧輝煌，光彩耀目。自是而後，人民安泰，六畜蕃盛。《易》之所謂“□善降祥，積……慶”，此□謂也。經營於萬曆癸巳歲，落成於萬曆乙未年，期年而奏績。正謂蠱將至也……余田庄在兹，咸賴神之庇護，遂落石以爲後世作善者之規鑒。

黎庠生員五仙人肖泉、李時□薰沐謹撰。

父胡德、母白氏，維那功德；胡仲强、妻王氏；男胡進才、妻賈氏；孫男……

祖父武秀、祖母嚴氏；男武進朝、母王氏；男武友、妻常氏，男武金貴、武同來，妻王氏，男武代科、妻郎氏。

香老郭朝府、妻賈氏銀八錢，楊景貴、妻任氏銀四錢，常得雨、妻石氏銀二錢。

（以下人名漫漶不清，略而不録）

典史張光曜，黎城縣知縣右鄘李體嚴，縣承薄平王宗周，本莊住持僧仁洪銀□□，法會寺僧果珍銀□□。

皇明萬曆龍飛歲次乙未七月吉旦。

191. 義井碑記

立石年代：明萬曆二十三年（1595 年）
原石尺寸：高 74 厘米，寬 40 厘米
石存地點：臨汾市侯馬市上馬街道驛橋村

義井碑記

南里善士李景付，因見合巷人等食水不便，於萬曆□□年正月二十九日，義同鄉老王聚宝、解萬寧等，景付立□，願捨己地一方，周違□開步，□□施財。央請井博王九思、解平穩、解成衢三人，于地内鑿義井一眼，□□修砌□□，四旁□□□成，食水甚便。累年重修工完，方今立碑爲記。

遮九惠書。

施財人□井共使銀一十兩。

（以下施財者姓名略而不録）

計開井地一方，東西長壹丈肆尺，南北闊捌尺，四角俱有石界爲證，用平五尺丈明。

石匠□國珍。

萬曆二十三年十月吉日立。

重脩院記

重建文殊閣黎殿閣碑記　本山續曹洞正宗精修三吝沙門自如性孚撰
夫崛嵋山多福寺者迺上古有矣非今時所以創立也其山環曲四面圍圓以面向於
水而成其山勢也蓋謂每歲秋晚之時樹葉滿目通紅故稱崛嵋□晋陽八景中
一景也是閣高僧脩真慕道之棲止也僧礿禮謁□□□□□□□
文殊求其明心軌範而為門弟文殊為七佛之師去龍種上尊王佛亦云妙德妙祥曼
室利等號是稱本歟堪與迷情凳斷無明去除煩惱故也僧始從五臺迨此山時修直
際枯涸無水向汾橋夯淚滴如珠故今稱跡珎珠坡存焉仍復經造師祈之求師肯
賜水隨龍奮發
北臺黑龍神所而為護從隨行至此獲二龍池日欲萬人其水不竭道德脂應有如此也
鬼神撼震山嶽驗事嚴徵不可勝數而山累代脩崇尚有閣黎堂塋塚存也至宋末間
兵盛作焚毀無跡灰燼影絕穎毀時久於戯頹毀者是吾之祖也無祖□孫仗孰而存
住持向亂而棲乎僧性賢披緇守道繼近住瑞峯禪流之重孫也志願重脩因輸己
貲募檀貲砌甃石臺高二尋餘與君龍殿相停上構樓閣三楹以文殊為其主聖者也
洞三楹是為住持之棲止也更新改舊數歲成焉此志堅遠矣成其勝事之也時適秋
工程事畢撰碣刻銘是為記久以祈壽祿高遠萬事亨昌矣系之銘曰
晋古名山　崛嵋紅葉　松柏森森　層峯疊疊　閣黎先聖　開山始業　祖之祠
来之敗滅　迨今無人　重興補缺　養真禪人　心如秋月　建工五載　上下完
報德福瑩　告成立碣　汾右彌陀院比丘東溪因勝書丹并篆額
皆　呼延村　刻字石匠白聚山男白棟
大明萬曆歲次丙申應鍾中旬吉旦釋子性賢門徒寬大覓便法孫祖淳立石

192. 重建文殊閣黎殿閣碑記

立石年代：明萬曆二十四年（1596 年）
原石尺寸：高 125 厘米，寬 59 厘米
石存地點：太原市尖草坪區多福寺

〔碑額〕：重修碑記

重建文殊閣黎殿閣碑記

夫崛㠑山多福寺者，乃上古有矣，非今時所以創立也。其山環曲，四面圈圍，以面向於□水而成其山勢也。盖謂每歲秋晚之時，樹葉滿目通紅，故稱崛㠑紅□，實晋陽八景中□一景也。是閣高僧修真慕道之栖止也。僧初禮謁文殊，求其明心軌範而爲門弟。文殊爲七佛之師，去龍種上尊王佛，亦云妙德、妙吉祥、曼□室利等號，是稱本敷，堪與迷情，覺斷無明，去除煩惱故也。僧始從五臺迨此山時，修真□際，枯涸無水，向汾擔夯，淚滴如珠，故今稱迹珍珠坡存焉。仍復經造師祈□之水，師肯□賜水，随龍奮發。北臺黑龍神所而爲護從随行至此，獲二龍池，日飲萬人，其水不竭，道德昭應有如此也。□□鬼神，撼震山嶽，驗事屡徵，不可勝数而已。累代修崇，尚□閣黎堂聖像在也。至宋末間□兵盛作，焚毁無踪，灰燼影絶，頹毁時久。於戲！頹毁者是吾之祖也，無祖，子孫仗孰而存□？住持向孰而栖乎？僧性賢，披緇守道，繼近住持瑞峰，禪流之重孫也。志願重修，因輸己□，募檀資，砌甃□，臺高二尋餘，與□龍殿相停。上構楼閣三楹，以文殊爲其主聖者也；□洞三楹，是爲住持之栖止也。更新改舊，数歲成焉，非志堅遠，奚成其勝事之也。時適秋晚，工程事畢，撰碣刻銘，是爲記。久以祈壽禄高遠，萬事亨昌矣。系之銘曰：

晋古名山，崛㠑紅葉。松柏森森，層峰叠叠。閣黎先聖，開山創業。祖之祠□，宋之敗滅。迨今無人，重興補缺。養真禅人，心如秋月。建工五載，上下完□。報德福釐，告成立碣。

本山續曹洞正宗精修三學沙門自如性學撰。汾右彌陀院比丘東溪因勝書丹并篆額。

呼延村刻字石匠白聚山、男白棟。釋子性賢，門徒寬大、寬偰，法孫祖淳立石。

時大明萬曆歲次丙申應鍾中□吉旦。

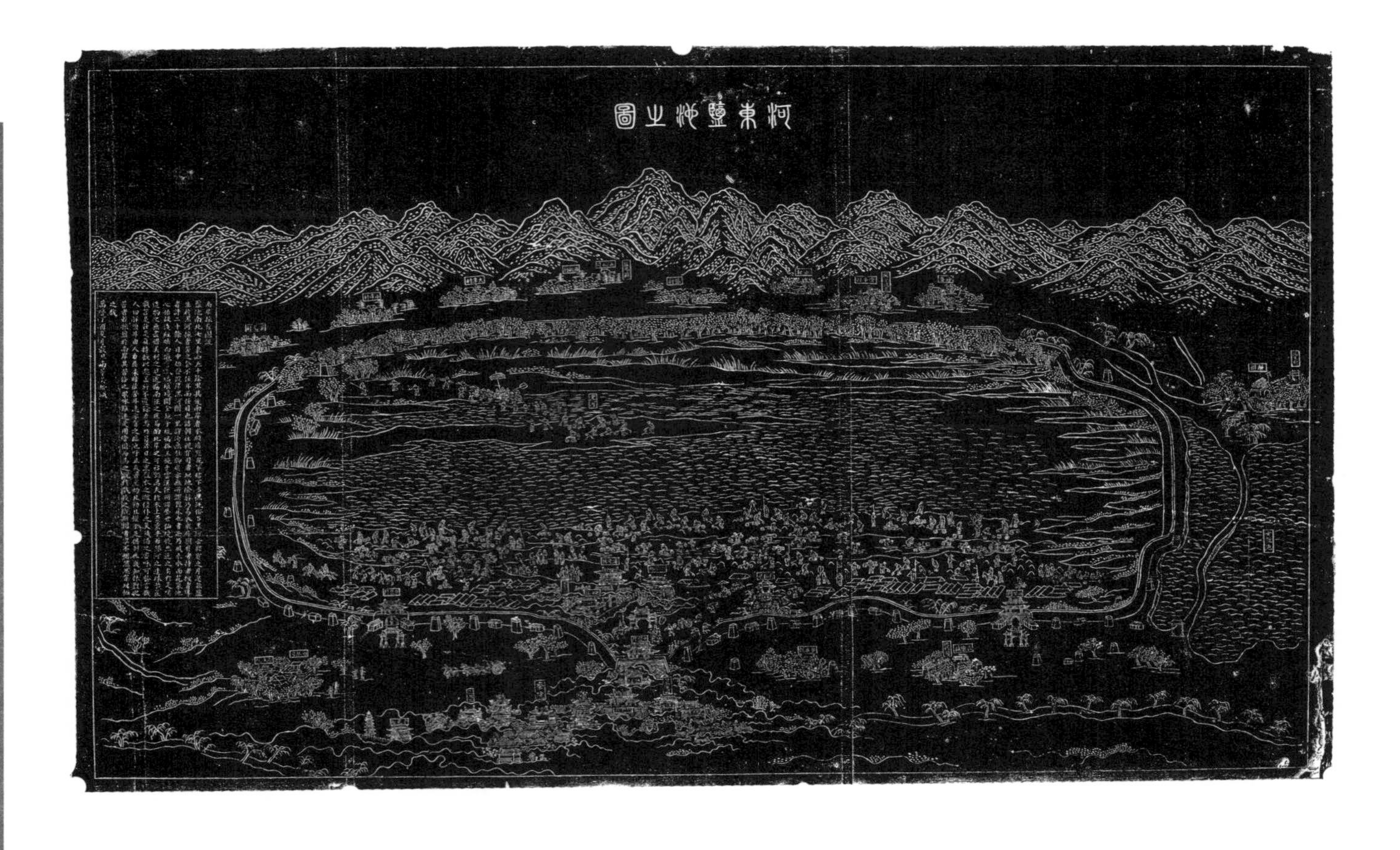
河東鹽池之圖

193. 南岸采鹽圖説

立石年代：明萬曆二十五年（1597 年）
原石尺寸：高 109 厘米，寬 176 厘米
石存地點：運城市鹽湖區博物館

〔碑額〕：河東鹽池之圖

南岸采鹽圖説

鹽池南北七里，東西五十餘里，其近南岸者，水頗澹，鹽花罕結，下多黑泥，俗名黑河云。蕤賓之月，忽報鹽生於黑河，采者苦之。余不任耳而任目也。詰朝往視，有司者以地險辭，乃易衣乘肩輿，肩者、持者、拽者、導者計二十餘人，日中始登彼岸。黑河闊一里許，洵無駐脚處，亦無所謂鹽床也者。而乃風來水面，花聚池心，始疑淺紅映白，俄警飄璃堆塿，開金鏡于琉璃，挂玉繩于雲漢，儻所謂塵世仙境，恍然近之矣。於是嘆造物之無盡，惜美利之見遺，矚南征之匪易，酌北岸之可移。驅萬夫於冰上，纍纍乎若銀河之連珠，載筐載筥，是任是負，持掖以趨，盖將不遺餘力焉。乃曼暑日之熏，鹽水之滮，僵仆之灾，飢渴之害，吁！可勝言哉。人曰解鹽非由人力，蓋未睹玆苦耳。志亦有之臨池，吁！且炎暑熏灼，且勤且懼于足俱剥，庶幾知采鹽之苦者。若采鹽於南岸，其苦倍之。歌咏難述，是用繪圖而爲之説。於戲！後之觀斯圖者，寧不惻然思有以恤之哉。

萬曆丁酉夏月穀旦南華吴楷識。

萬曆二十六年六月吉日
商中興賢相傅公版築處
兵巡道副使關中王國立

194. 商中興賢相傅公版築處碑銘

立石年代：明萬曆二十六年（1598年）
原石尺寸：高179厘米，寬73厘米
石存地點：運城市平陸縣聖人澗鎮

商中興賢相傅公版築處
兵巡道副使關中王國立。
萬曆二十六年六月吉日。

195. 解梁開水渠記

立石年代：明萬曆二十六年（1598 年）
原石尺寸：高 215 厘米，寬 95 厘米
石存地點：運城市鹽湖區解州中學

〔碑額〕：解梁開水渠記

解梁開水渠記

嘗謂地靈人杰，詎不信哉。吾解條山當其南，涑水□其北，西帯大□，東襟鹺海，形勝一時，視三□□，且爲堯舜禹三聖之故都。而風后、關龍□，實生其地□哉，誠爲人文炳焕千古矣，然風氣與時隆□。迨弘正嘉靖間，文風始寖寖盛於時。高□吕涇野先生以經□□解判，甫下車，進諸生曰：□山明水秀，其中必有豪杰生。乃□州治北，創河東書院，日群諸生及民間俊秀□□之不輟。又穿□垣，引□龍峪水注泮池，縈洹遶書院，周迴州署，作潺湲亭，蒔蓮数種，蓮開水冷冷下，殆奇觀也。城□建亭，扁曰水心亭，亭今在焉。常曰此地脉也，直與人文關哉。乙酉歲，山水暴漲，其故道徑趋西流，□亡何科第，乃視昔异日有風鑒，曰：欲□科第，須通水渠，水渠通，科第自興矣，不則難哉難哉。諸士□權乃懇請州守高唐全□賈公。公嘆曰：此非州職擅專者。請於鹽臺吴公，公少難焉。州復以諸士□情懇公，可其請，衆乃捐金甃石，又作石門，□鐵窗通水，水由故道入城中矣。是年中，鄉試三人，□試二人，咸讙然譁曰：得非開渠效哉，向所謂地脉與風鑒言，皆騐矣。嗚呼！是豈人事氣化適然歟？抑先生之世澤與堯舜禹三聖之餘流，終不可湮没哉。用是立石，以垂永永，俾後之人知所通塞興歟？而溯流窮源，以承洙泗之正派，文不在兹乎？不在兹乎？是爲記。

賜進士出身□政大夫行經□都察院□都御史兼□部左侍郎郡人李春光撰，賜進士第中□大夫翰林院□督四夷□太常寺少卿前吏部文選清吏司郎中郡人孫維清篆，鄉進士文林郎知□陽縣事郡人張□榮書。

奉直大夫知解州事柏鄉張汝雨，吏目任丘高承忠，儒學學正蕭獻捷，訓導白鳳雲、段□、高可期，進士王柱、張應昌，舉人鄭國□、□加地，貢士衛民、閻珍、姚守禮。

生員：張璧、王應乾、□□侯、賈□、□仲謙、孫□藩、□□奇、劉繼禹、侯加天、王毓麟、丘應舉、李文琨、范國棟、李希栝、董可大、李衍智、雷澤、李希稷、高選、閻仁、趙栅、王自省、王自奮、劉維炎、史載言、張曆、吕論、吕心德、李詩、王□正、杜□、李文燕、劉戢民、王志學、李衍聖、董斯順、馬日升、劉應徵、范楧、李本固、雷陽、劉□益、馬應元、李之榮、張德鳳、賈欽、李衍祚、高□、侯加秩、馬呈義、馬近桑、衛謨、李國幹、衛□□、王嘉治、王國瑁、馬若屏、王慎、湯雲路、趙應吉、趙育賢、馬性純、侯加兖、王連年、侯加端、范邦治、馬曉□、寇獻□、李卓□、魚□□、趙國琮、胡俊、張□□、丘國榮、王□珍、侯國洽、李之選、吕光訓，同立。

萬曆二十六年歲次戊戌仲夏吉旦。

重修龍王廟記

196. 重修龍王廟記

立石年代：明萬曆二十六年（1598 年）
原石尺寸：高 94 厘米，寬 58 厘米
石存地點：吕梁市柳林縣李家灣鄉王家會村

〔碑額〕：重修龍王廟記

重修龍王廟記

龍神者，變化勢英雄，震曜威太空；乘雲帶雨飛千里，吸霧呼風上九重。膏澤萬物，霖雨濟世，功義如矣，人思報矣。然不有其廟，其何以栖神靈？而□人心仰答之敬哉！是□□草人於至元年間龍王堂創建五龍大王廟一所，正殿三間，東□□□山；西面白沙梁；土地建設於北山；□□□見於南河；巍然□□□□□焉！第歷年多所，雖經重修，難保久完。隆慶以來，漸自毁壞，聖像復風吹之苦，人心動不安之良。萬曆年間，郝家溝村功德主梁君、糾首郝汝威等同發虔心，共議新之，敦請僧人惟化董功而重修焉。撤盖棟宇磚瓦潔净，繪畫寶壁輝光燦爛；傍添厦廊房，院立石□盆；内懸鐵鑄鐘，外挂金字匾；基址雖舊，增修聿新。興工於丁酉，成工於戊戌；當其時風調雨順，一方被甘霖之恩；五穀豐登，四村享樂。利之美神其佑人，而人心愈思報本也。是記。

本州社師梁鳳儒撰書，男梁象乾、梁象坤□志。

奉直大夫永寧州事知州夏惟勤、判官婁思公、吏目楊□。

功德主：梁君、糾首郝□□、梁汝第、白汝臣、柳賓、于希閔、馮應芳、高才、天寧寺僧人静雲、門徒惟化、徒孫妙會，仝立。

真達，真奇，會禄，姓俞，蘇□林、男蘇生，賀朝儒，馮朝應，白樽，白賢，喬汝金，李閔，賀岐山，閆積。

泥水匠李臣，鐵匠張九如，畫匠張來全、男張時科，灰匠王天才，木石匠薛邦琴。

萬曆歲次戊戌孟冬吉旦。

197. 龍王山新建玄帝宫記

立石年代：明萬曆二十七年（1599年）
原石尺寸：高98厘米，寬62厘米
石存地點：吕梁市方山縣北武當山

〔碑額〕：新建玄帝宫記

龍王山新建玄天上帝宫記

龍王山在冀永寧州城北百餘里，東峙太行，南屏條霍，孟門浩浩而西沃……層巒叠巘，巃聳霄漢，古柏蒼松蓊鬱，奇花异卉萬品，誠三晋之形勝，北方之……孤峻。上有玄帝廟一楹，肇創始末無所稽。至萬曆九年，海嶽效靈，半山涌出井泉，其味□□，居民病者飲之即愈。至于水旱灾异，禱輒響應。繇是精英感格，進香者絡繹不絶，輸財□□蒸輳聚。鄉民樊應秋等，洗心誓衆，竭誠修理焉。山巓建正殿三楹，中塑玄帝聖像，夕露爲□網，朝霞爲丹雘，洋洋乎，儼然上帝之汝臨也。殿前萬仞壁立，飛翻難栖，乃砌石爲梯，鑿石爲檻，俾對越者攀緣以上。三天門屹□澗深，淵然莫測，乃駕橋爲梁，衛以欄杆，過之者罔弗悚息畏慑，且也削崔嵬以構院宇，傍岩洞以寓攸托。或盤紆而轉鳥道，或躡蹬而升嶔巘，□□窿窿。入其境者，肅乎祛煩嚻而定心宇矣。州人李先春輩，雅稱善施，於殿梯下竪石牌一座，扁其額曰"朝聖"，壮勝境也。徵余爲記。余不能文，謹按祀典所載及太祖高皇帝改正嶽鎮海瀆神號暨成祖文皇帝武當山建宫崇報事宜，益信玄帝爲北極正神，非他淫祠者倫，國家敦崇祀典亦非謟也。矧兹龍山，自開闢以來，儼然屹立，一旦英爽之氣明演匆照，不假募化而樂施者萬萬，無待勸誘而趨事者源源。土木一興，自山□以至州治，一时葺造宫觀者羅列星布，皆鴻材巨植，金碧輝煌，雖不能與南頂方軌并迹，即其規模壮麗，制度充敞，亦足以妥神靈而□具瞻矣！噫嘻！豈偶然哉！意者山川之興自有定数，冥冥之中陰有嘿宰其祝者，不則何億萬祀鎮静之山，獨于今日靈异邪？《易傳》所謂："惟神也，故能通天下之志。"又曰："不疾而速，不行而至。"兹其驗與？於戲！感應之理，捷如桴鼓，在造化固自然矣！第談幽明，于儒者之喙似涉惑世，然于愚民未必無小補也。蓋愚民志在福利，供神必拜，拜則善心輒生，惡心輒屏息，善心一生，由是而盡忠盡孝，由是而恭敬信友，推之仁民愛物，悉一念之善以充之也。一人既善，千萬人則之皆善，將見和氣充溢，雨暘時若，乱焉罔作，螟螣潜迹，其有補於世俗豈鮮淺哉！若夫捨百龄于中身，徇肌膚于猛鷙，乃浮屠事也。余不敢望于斯世斯民，因爲之記。

大明萬曆二十七年歲次己亥秋七月上浣吉，陕西高台所學正郡人張敦彝薰沐謹識，侄生員張銘鼎書篆。

198. 重淘壘西井記

立石年代：明萬曆二十八年（1600年）
原石尺寸：高59厘米，寬33厘米
石存地點：長治市黎城縣上遥鎮後莊村

〔碑額〕：重淘壘西井記

重淘壘西井記

後庄村爲社條義井，以□煩困事，村西有井一□。任邦達爲主，先年將井塌毁，無人淘砌。本村云□王尚□，□領同議論，與衆商説井已塌，□費人……社内出備禮物：羊一□，酒一……四盤。鼓樂□送，每年□□□□斗，淘井入社，淘□□□不爲業。任尚德捨□□□永遠入□若在乎，路返復罰白……禮，名垂後世。

（以下文字漫漶不清，略而不録）

石工楊進□。

大明萬曆貳拾捌年淘井，叁拾貳年歳次甲辰夏肆月初旦扶碑工完，吉日立。

199. 水利碑

立石年代：明萬曆二十八年（1600 年）
原石尺寸：高 130 厘米，寬 59 厘米
石存地點：運城市河津市僧樓鎮馬家堡村

〔碑額〕：水利碑　日　月

……外舊有金山，山□有峪名曰瓜峪，因形類瓜字，故曰□□。内□有□，□□總衆□□名曰清水，天降□□之□水，名曰濁水。清水澆灌□澗□□二村之水澆□□□□里□□村清水□渠河水□澗峪有三澗，東曰太□，西曰西□，□□南曰南□，大澗□□□有□□天溝，内有甲□渠，係澆灌僧樓里、水牛里民田。南下□□，内有□丙二□□□□□□僧樓里、西□里民田。□□我朝□□仕郎□公親詣將水治平，既經訴案，理宜繪圖勒石，以息訟争，并□使用上中下餘濁水，人□□納錢糧開列於後。

計開水糧：□地每畝完納七升二合，小數地每畝完納七升，小數□每畝完納七升八合，小數地每畝完納六升六合。

僧樓鎮東社士庶同立。

明萬曆貳拾捌年秋立。

永示不忘

200. 清瓜峪渠道圖碑

立石年代：明萬曆二十八年（1600 年）

原石尺寸：高 130 厘米，寬 54 厘米

石存地點：運城市河津市僧樓鎮馬家堡村

〔碑額〕：永示不忘

清瓜峪渠道圖碑

黄河流域水利碑刻集成·山西卷 二

201. 重修藏山大王廟記

立石年代：明萬曆三十二年（1604 年）
原石尺寸：高 208 厘米，寬 69 厘米
石存地點：陽泉市盂縣萇池鎮藏山

重修藏山大王廟記

夫藏山神廟，凡幾撤葺矣。大抵歲月深，則丹青脱落，土木朽摧，妝繪埃蝕。余有薄田数頃，藉神庥□有……答神貺。矧庙貌如前所云，而不爲之所，寧忍乎？乃于今上戊戌歲，蠲銀粟貳拾兩，集鄉耆在城賈超遠等拾伍人，萇池村、興道村、神泉村鄉耆九人，議爲新垢葺□。又……衛；券石門以通出入，便防守，建亭以□憩息。計費不資，衆愕然曰："將安出？"余曰："大厦資衆材……垣陽，迎余之任，既五閲月而工未舉也。余聞之，寢處不寧，即歸而宿于山之草舍，督衆等措材鳩役，及……公買常住地五□□畝，屬秦蘇二羽士。會蘇去，各糾首保羽士李真元。真元，宣府人也，曾修管頭、烏沙、小坪、後西嶺四……保狀呈縣批允。匝月間，不煩本廟工資，乞禱大鐘壹口，隨□入焉。時貳拾捌年拾貳月也。嗣是收藉錢糧……真元□三年，神□□宫□□□□廊及聖母殿，俱易朽而新，易垢而鮮。又創鐘鼓二樓，前所議石墻、石券，次第就緒。□余爲文記之。夫兹舉也，萬代之功，弗心□據財，□□□心□力……則我縉紳先生，概縣鄉民。而平定朱壽萱公曾游此山，喜不自勝。其王荣告明租穀捌石伍斗，係本廟餄庖寢供費用之資，俱宜勒石……遇難□□□顛末，水旱□□□誠禱之應，若影響之靈异與！夫峭壁連雲，叢峰列戟，烟雲晦明，河横月轉，樓臺掩映之□□□□，先□碑志，余老……

庠生邑人張淑問謹撰，男直隸真定府通判□□謹篆。

文林郎知盂縣事關中張泰運施銀二兩，將仕郎主簿杜汝定，典史梁一元，儒學教諭郝有大，訓導李應梅、牛乘載。

（以下碑文漫漶不清，略而不録）

玄門化衆施財繪塑聖像，重修殿廡，勒理墻垣，給帖修造，本山住持正□道士李真元……

新建牌坊一座，共使過布施銀一百二十兩。本廟住持道人募化十方，創修兩廊一十四間，金妝……共五座，共享經資四十六兩，□□□□四十三兩……

時大明萬曆三十二年歲次甲辰維夏吉日。

202. 重修老龍王廟碑記

立石年代：明萬曆三十三年（1605 年）
原石尺寸：高 97 厘米，寬 64 厘米
石存地點：臨汾市鄉寧縣西交口鄉

〔碑額〕：老龍王碑記

大明國山西平府吉州鄉寧縣美泉里地方，紫荆山黄花峪大神頭……設立廟宇，爲祈禱雨澤起由。此處古稷無廟，神無所歸。有本庄善男……巽，頭目爲首人一十二名，共同聖事，同結良緣，各赦資財，募化十方錢物。修盖廟……老龍爺聖像妝畫具備。神坐廟，天地和順，人止神積善而作福，無物可酬天地恩……完成刻立碑記，各標姓名財物，開列其数，永遠無朽，万古流瀑，以保一庄人物平安。風調雨順，國泰民安，五谷茂盈，稷設延善。各村庄施財人，化名于後。

衛尚甫、衛尚周、吴尚周、燕家庄燕九羊……

石匠稷山下迪鎮……

稷山縣下胡里嶺口村：裴士通、妻裴門迪氏施銀一兩、谷二石，衛尚甫、男衛國中同施谷麦豆三石四斗、銀二錢、木□□孫勞勞閆閆，衛尚周、男衛國進、衛國孝、衛國順、衛國民同施谷麦豆三石□□銀一錢……宋天福、男宋應時、其魁四人同施谷麦豆一石三斗、羊一隻、銀二錢，孫宋文武雙全四人同工，景廷瑞谷麦一石，楊天禄、男世興谷麦豆二石六斗銀□□、羊一隻，吴尚周、男□□谷麦三石四斗、銀六□，景萬倉、男□□谷麦豆一石九斗、銀一錢□□□，楊天恩、男世英谷麦一石一斗、銀一錢、□□羊，楊世宰銀一錢五分、谷黍一石二斗，吴尚知、男吴登科同施谷麦二石二斗、銀一錢□□。郭家庄：四家施廟地一塊、施□□二根，郭尚朝又施谷二石……男郭九相、郭九宰同谷一石、銀□□，吴尚得銀四錢五分、谷一石，楊得春谷麦一石二斗、銀一錢，吴尚忠谷麦二石一斗、銀一錢、三分，楊印福谷麦一石一斗，張付禄豆米一斗、銀一錢，吴尚仁銀二錢，段付敖谷五斗、銀一錢，吴登雲谷麦八斗，吴尚貴谷麦二斗，景□敖谷二斗、木四根，郝思成谷八斗，張有存谷六斗，張有存谷麦六斗，白天右米谷七斗，閆有朝谷五斗、銀三錢，衛尚朝谷黍二斗，衛尚元谷一斗，喬萬季谷二斗、銀二錢，衛□景谷一斗，喬加河、喬崗谷五斗，琵琶嶺神頭吴朝臣谷五斗，吴尚禮谷五斗，肖□□谷五斗，邢萬敖谷五斗，梁虎山谷七斗。稷山卧龍庙庄：賀尚仁谷三石、銀□錢五分、男賀九雲銀一錢，賀九禄銀一錢。郭家庄：郭尚義谷一石，郭九思谷五斗。小西坡庄：郭廷相谷一石□□□，郭廷宰谷六斗，張廟京谷……

時大明萬曆七年八月初一日立梓，三十三年十一月□日立碑。

203. 重修湯帝神祠記

立石年代：明萬曆三十三年（1605 年）
原石尺寸：高 168 厘米，寬 69 厘米
石存地點：晋城市澤州縣周村鎮川河村湯帝廟

〔碑額〕：建廟碑記

重修湯帝神祠記

澤治之西南有社曰川河里，人民殷實，風俗淳龐，誠郡之沃壤之地也。正居中□建立湯帝神祠，春秋朔望咸於此竭誠焉。夫湯帝者，□内仁民之聖王也。福社稷，奠蒼生，所宜禴祀蒸嘗，莫盛於此者。祈晴禱雨，必獲昭彰，禦灾捍患，隨廟至□，孰又有如我神之□靈者也。第廟□年深，殿宇頹摧，兹之不修，其圮壞者必甚，神將安所依也？本社素好施，慨然有志補飭。計獨力□成，□□壇壝會衆而議之。適有當乎衆心者，遂相與僉謀，貧富者效力輸□。不逾□月而圮者飭，壞者完，上下焕然一新矣。諸君詣余，請□□月。余此社人，義事也，紀奚疑。乃爰敘經始之由，以妥神祐助之威；以紀□衆人輸財之誠，以彰諸君賢勞之績也。意廟既飭矣，則神有所依而安矣，神安則社人亦安。即時和年豐，由此致也，僅僅小補已乎。故弗却其請而□爲之。郡人□山曰：此地東近景嶺西，湯帝燒身，仁賢王也。古沁水遠流，南對二仙嶺。近周除三□之地，殺虎龍池洞之所。長河通無底，西龍池景，北通秦晋，要路也。山名東甚西底，廟坐甚虎敗□之地，人□□□此水秀山□，□賢貴地也。建廟村□，神安亦人安。□□衆施財工完，各開於後，永爲記耳。

河村□永一社郡□□□□□手拜撰□書。

（以下碑文漫漶不清，略而不録）

張孟雨書。

石匠平上里王孟方、本里張繼禄同刊。

靈嚴寺助緣僧果倉。

大明萬曆三十三年十二月二十五日立碑大吉。

萬曆三十四年歲次丙午孟秋之吉

204. 四星池碑

立石年代：明萬曆三十四年（1606 年）
原石尺寸：高 145 厘米，寬 60 厘米
石存地點：長治市長子縣靈湫廟

四星池。
賜進士第文林郎知長子縣事關中崔爾進，縣丞馬稱德、主簿杜金堂、典史謝淮，同立石。
管工官趙養性。
萬曆三十四年歲次丙午孟秋之吉。

重修靈湫廟記

205. 重修靈湫廟記

立石年代：明萬曆三十四年（1606 年）

原石尺寸：高 158 厘米，寬 70 厘米

石存地點：長治市長子縣靈湫廟

〔碑額〕：重修靈湫廟記

重修靈湫廟記

長子西肆拾里許，山曰□□，又名曰鹿谷，巍嶷嶢屼，四望危巒如削。蒼松環之，鬱蓊萎葑，奇秀萬狀。山之下有泉澄然，俯之如鏡，名曰靈湫，盤琺可愛。稍前，穿石竇而出，潺潺作瀑布聲。九折以東，竟薄太行，百川□之，赫然巨浸矣，實惟濁漳之源。有神主之，曰三聖公主，相傳□炎□之女。説者又謂即女娃，化精衛銜西山木石以堙東海者。然世遠，其詳不可考云。甲辰秋，余承乏長子，率寮屬往祀，□故典也。其地父老爲余言，神之德澤在人，種種不可枚舉。雨暘□禱，應若嚮答。前令王、何諸公，皆有奇驗。余私志之，不敢謂然，又不敢謂不然。乙巳徂夏，而境内以旱告矣，夏麥未實，□禾甫苗，漸就枯槁，兩成無望。比閭惶惶，皆相顧不復人色。余憶□□言，竭誠致禱。出縣時，烈日如焚，輕塵掩目，甫及廟門而片雲黑于頂上，拜祝甫畢，而驟雨濛濛然至矣。顧未幾晴，□至石哲鎮，而雨忽至，未幾又復晴。再行三五里，則依然天際晴朗，□望無片翳，而烈日輕塵，如始出時。余私臆：神不我格耶，胡獨格于王、何諸公，而靳于我？盖既至縣，而雷聲鬱律，駭猋如怒。有雲自西馳至，迅若飛帆，霽□□鍵，頃刻而合，大雨如注，三日方止。二麥乃登，禾亦始終，頓成有歲。噫嘻！是何神之變幻不測，一至此極！血食萬年，宜其不朽。隨合僚屬祀謝。

而少□馬君謂余曰："廟貌以歲久傾頹，豈其以神之冥德若是，而我輩漫不加意？宜爲新之。"而僚衆及父老僉曰："宜然。"余不能止。各捐俸鳩工，飭其圮垣，使竣而固。因其殿宇，重以丹雘，塑像更新，金碧爛然。堅其兩庶，前廠大門而奕之爲三楹，繡桷雲榍，巍然□□□。其北無之中，兩楹以通于後爲官廳，增置正廳南向及左右室，東西向各三楹。大門之左有小泉出，湛然如綫，引之爲池。顧池方成而泉竭，而池之内四隅陡有四泉飛出，噴如瓊□□□盈池，觀者駭然。既而闋然曰："此四星池也。"因而名之。種以芙蕖，清芬特异。凡諸景物，俱加點綴，登臨者不□陟蓬瀛云。盖自乙巳九月初四日起工，至丙午十一月初二日竣事。□□者致仕典史張朝寵，而父老安紱、常國威、張拱極、安學易等，與有勞焉。或獻疑曰："彷徨委蛇之誣，識者譏之伯□公孫泄之立，且爲惠德者累也。子實司民牧，乃不急急開阡陌，課農桑，申孝悌，而先從事于烏有，民義謂何而務及此？毋其爲萬代瞻仰者笑？"則爲文以解之曰："謂神烏有，胡不觀人□？人之所以人也，肢體骸竅，則既皆備，孰培之而或壯？而其苦二竪者，又孰爲耗也？形藏氣，氣生精，精化神，神有完欠而精氣隨焉。則形且因之，是一人固自具有一神也。神即人之所以爲人而异神于人，何誣神也，而又且誣人？且以大成之聖，禱自尼山五老二龍，豈虚謬焉？"獨其言曰："未能事人，焉能事神？"又曰："敬鬼神而遠之。"夫既已謂敬，孰謂非事？不廢事矣，諒非□也。古者有大功德于民則祀，故郊社而下，若山川濟瀆之類，即聖賢□首重祀典，盖不過盡吾心之神以交于神之神，神何覬于人乎？余司民牧，惟知有民而已，民之田野未闢，耕□□□，責在牧者。

亦既□且時矣，而雨暘不若，此非人力可爲，責不在牧□。則不得不禱之于神。倘禱之而旱以霖應、涝以暘應乎，則事神即以事民。縱狄、胡二公復起，必不□其焚祀、毁□像者而謂吾迂也。方将終身率民以從，寧止新廟貌哉，寧止新廟□哉！

賜進士第文林郎知長治縣事中州陶鴻儒書，賜進士第文林郎知壺關縣事中州方應明篆，賜進士第文林郎知長子縣事關中崔爾進撰。

縣丞關中馬稱德，主簿關中杜金堂，升任主簿劉天光，典史關中謝淮，教諭李逢時，訓導高民望、□□、李華春，升任教諭劉三鳳，訓導任養解、姚一貴，管工官張朝寵，驛丞王維，陰陽官陳周士，醫官宋善繼，僧官德香，道官權清登，横□約正安紱，副安李易，刁黄約正常國威、副張拱極，香老韓朝宰、安光輔、馮拱貴、馮子安、張永德、李應舉、張拱嚴、連儒、王天雷、馮時進、牛□□，横水里老安希孔、安自知、馮仕惟、楊應登，玉工常汝周、常仲仁、常汝宦，住持僧周岩、住持僧員來，同立石。

萬曆丙午孟冬之吉。

《重修靈湫廟記》拓片局部

206. 五龍王廟碑記

立石年代：明萬曆三十六年（1608 年）
原石尺寸：高 177 厘米，寬 75 厘米
石存地點：太原市尖草坪區上蘭村五龍廟

〔碑額〕：五龍祠記

五龍王廟碑記

余讀《□記》，□□孔甲之世，天降乘龍，劉累擾而豢之，□而作曰：异哉！龍可□□□之哉？逮閱蒙《莊子》“葉公好龍”……者殆其似乎？夫龍秉陽德，神化無方，怒而□其□□竟天之虹，搏扶□而上者九萬里，□雲氣，負青天……鮮不辟易矣。信若絶言，其與文□奚以□□仲尼所稱猶龍之義謂何？兩□者，□心戰而未已。會有客……其貌龐，其容樸，其言質而□□□□也。擅余而言曰：□鄉新建龍王廟一所，敢借子大夫之言垂不朽？余謭蕪，□□勝其任，弗敢諾。既而竊自忖：倘其言有足以解吾之惑乎，……失之。亦擅而進之曰：唯□□□言教我。曰：歲丙午荒疃，旱魃爲虐，禾稼憔悴，嗷嗷者幾無以卒歲也。乃謀于衆，□□□□村而禱之，意邀□唾澤以蘇我□苗。越三日，雨澤應澍，玄黄者復芃芃起，而緑蔭盈□，頫印始無□□。龍之□□□□□若此。……有年，我人之被德者亦既優渥矣，謨欲建祠妥之，卜云其吉，將鳩工有事……本至。越數夕，又浮數十本至。民僉躍然，詰曰：神將終惠此一方民，故河伯□靈，大木不期而集，……於是老弱宣贔□□胝，衆驛驛然，藉藉然，群作之聲薨薨然，相應之聲登登然，欣欣焉忘□□之在躬□□歲有□□告厥成。計正殿三楹、鐘樓鼓樓二楹、兩廊六楹、山門三楹、山門兩邊洞□□□、樂樓一□、□□一眼。丹……可以寧神，而永爲□□□□□乎。祭於是豁然若釋，昭然若發蒙也，曰：始袛謂龍之靈不可狎，……物利衆若此哉。蓋乾元資生，坤元資始，而潤漉之職，□□□之德與天地并矣。夫彼且乘風乘雲而游玄冥，安從而……作霖作雨而顯神功，可得而擾之豢之哉！余聞有功於民者祀，能捍患禦菑者祀。則斯舉也，……栖神禮也，報德義也，禮義之不察，君□卜純俗矣。夫人其恒乃心，虔乃事，毋始惕而□□，毋貌寅而……而覆雨，毋儵陰而欺陽，毋乘風而揚塵迷人目也，毋趍下而就□□□府也。聞一善言，若頌針慝，即自省曰：神威不違顔，咫尺毋□萌厥心，而子子孫孫毋替引之，神亦庇祐無窮極，永永……經理而□□者：苗昶、苗天營。奔走而□力者：尼僧康泰寧。余并載之碑陰。

賜進士出身中憲大夫奉敕督理京營馬政太僕寺少卿前河南道監察御史□人王立賢撰。

太原府奉祀衣巾生員張□熏沐□□。

大明萬曆三十六年歲次戊申六月吉旦。

207. 創建九江聖母行祠記

立石年代：明萬曆四十年（1612 年）
原石尺寸：高 150 厘米，寬 70 厘米
石存地點：大同市廣靈縣壺泉鎮壺山水神堂

〔碑額〕：創建九江聖母行祠記

創建九江聖母行祠記

太平城北五里許有村，乃趙良將李牧孝子果廬墓所居之地，後稱爲李果村焉。新□九江聖母行祠，盖水神也。此祠之建，良𨿅姑射之三嶝山，古有此廟，輿圖屬襄陵境。每歲三月……諸郡邑，宗戚士庶，雲集進香。萬曆歲丁未，予邑李果村善人，鎔鑄金像，□□於山。醮畢，夜夢聖母旨示：若輩不遠百里而來，乃其誠也。不聞舉頭三尺有神在焉。汝能於汝鄉疃建祠，凡有虔悃禱禳，靡不嚮應福佑。諸客夢之如一，衆咸儆訝，各懷其念。是季，予李果村善人王進成、尉九勝等，倡衆信人，矢心捐捨資財，卜□鳩工，立廟繪像，懸□□□□□，更得三嶝山僧人洪錫輔工之力，于今告成。其棟宇雖無巍峨之勢，而靈顯赫□□□□□奔走，毖敬不遑矣。社衆相與語曰：是祠是役，雖其渺細，可無珉石以紀之？……余曰：《祭典》……能禦疫□□者，例得通祀。若江河……流四方，潤澤萬物，厥功則浩瀚矣。其靈氣所在，必聚而必神，以之福庇蒼生，……第積誠所至，有感輒通，歲時肸蠁，洋洋如在。詩曰：奏假無言，時靡有……余聞之，神聰明正直而一者也。聰則遥聞，明則遐燭，正不偏倚，直無私曲，一則不二三其□。故作善者必降之□，能積德者必貽之休。是昭格之本，有不專於享祀者。更以此言□□□之人。鄉人謝曰：是，□□紀神文喻以修德，而修德超出於祀神之表者。請鎸之……

本庄民衆：尉九勝、王進成、王登科、尉九興、尉九旺、尉九思、霍廷得、尉廷息、崔朝臣、尉得付、霍廷用、姚九付、尉孟節、霍虎林、王九貴、張進忠、王成功、郭南枝、□□□、霍廷瑞、尉九科、僧洪錫、戚登雲。

石……

萬曆四十年歲次壬子夷則吉旦，邑道人韓邦鑒修，明甫撰并書。

重修紫柏龍神廟記

紫柏龍神重脩廟記

萬曆壬子歲八月十五日立

藏山住持糾工道人李真元

木匠 李傳古

塑匠 朱翊卿 聶進元

石匠 趙邦貴 趙賢

208. 紫柏龍神重修廟記

立石年代：明萬曆四十年（1612 年）

原石尺寸：高 144 厘米，寬 66 厘米

石存地點：陽泉市盂縣萇池鎮芝角村陳家莊紫柏龍神廟

〔碑額〕：重修紫柏龍神廟記

紫柏龍神重修廟記

行雨龍神於民間最親最重，大抵依奇巖石澗，恍忽人之精，若地靈而神著焉。盂治北十五里芝角山之龍神廟獨以紫柏名。夫柏，木也，豈紅光閃爍，龍之幻化與？烟霧滃靄，龍之往復與？乃其嵎有石龕、石門，祈雨者往之，于是應若響。又，□專在紫柏顯聖。神果不可度哉！是廟也，元人亦不審從來，□□以祈□□賜不可缺也。我明二百五十年再見重修記。歲在乙巳，廟將圮，兩村長者糾其事。層築石基，添設宸宇，棟梁間□易壁□新。舊像左龍母特存，疑而移之右。越歲工畢，余乞記。張弦師曰："少待。"丁未，南宮獨步王事，不遑行告□矣。余時寓京邸，歸而歲歉，繼之居憂。七年之間，輾轉無暇。既期，當時糾事者存半，然亦不健甚。余恐蹈前之缺略也，微述工程大約，以詔［昭］同志。若亟稱泉石以表靈异，自有前記云云。

丙午科舉人王化民銘章甫撰，府學生劉一化龍門甫書。

藏山住持糾工道人李真元，木匠李傳古，塑匠朱朝卿、聶進元，石匠趙邦貴、趙賢。

時萬曆壬子歲八月十五日立。

張侯生祠

209. 高梁侯同鶴張公生祠記

立石年代：明萬曆四十年（1612 年）

原石尺寸：高 84 厘米，寬 47 厘米

石存地點：原存運城市新絳縣（現已佚）

〔碑額〕：张侯生祠

高梁侯同鶴張公生祠記

我國家建官而设之守若令，責綦重矣，然往往不貴法制，而貴拊循，率皆以父母稱，則何以説也？盖父母之於子，時其乳哺、防其驚畏，撫摩、煦噢之殷，無瞬息不置諸懷，而良守令父母斯民不翅類，是夫民至岀蒙也。其佚樂患難，靡不種種，藉庇於守若令，脱一膜而籓離之，父母之謂何，而民将奚賴焉。

高梁同鶴張侯，以许潁奇才来牧高梁，今且三祀，釐弊革奸，百廢具舉，此詳在大中丞王公所撰德政碑中，至河渠水利尤侯所注念，其開創處，悉皆躬親涉歷，指授方略。于是燥瘠磽确盡爲沃壤後，自酉戍大侵以来，民得享飽暖之慶者，秋毫皆侯賜也。稷北馬壁峪故有猛水之利，盖自鸿濛剖判，時逮今矣。水出峪即分三派，經流稷境所溉皆稷田，田因以猛水名税，即以猛水徵，視它境獨重。然巨浪沸騰，漂没衝刷，亦皆稷田，稷又視它境獨苦。其中、西二派皆稷境，民受其利，因安其害。至派之東者，惟三界庄爲稷土，水經其地十里許始達絳境，是絳人有猛水之利而無漂没衝刷之害。稷人之飲痛含悲者，殆非一日已。□□間，絳之官庄奸民張朝紳輩，□於中派浚渠石，截李老等庄之水，始猶堇堇細流也，今则数十丈許矣；始猶分引東注也，今則横開千步矣。是絳人復吞利外之利，而稷人重罹害外之害。每當泛漲，蟻聚叫嚣，不至盡奪其利，其心未肯以爲饜也，以故訟牒日間，而曾無一决者。

萬曆四十年，侯奉當塗檄，躬涉澗口上下山原，檢踏明悉，力爲昭雪焉。噫！数十年不白之冤至此始伸，即所稱撫摩、煦噢之爱，曷以加兹。《詩》曰“豈弟君子，民之父母”，張侯之謂矣；《書》曰“□□赤子”，张侯有之矣。庄之父老輩感激覆庇之恩，泣数行下，僉謀建祠肖像，令世世子孫一瞻拜，即如見侯，志不忘也。工告竣。王生克寬，余同窗友也，□介丏，余記其巔末，以鎸之石。公諱思恭，河南許昌人，以甲午鄉進士任今官，同鶴，其别號云。

賜進士第奉直大夫兵部職方清吏司員外郎猗頓鄰治生張應徵顿首拜撰，門人王克寬薰沐謹書。

生员：□□□、王克寬、李得涔、李得漢、王田、儀賓屈良翰、府吏趙權。

吏：王景□、宋夢鰲、趙光碩。管渠老人：宋志尹、段九叙。

鄉民：屈良孝、李得溱、王濟民、李辛、王佑民、趙光祜、段時下、李一化、趙輪、屈良臣、趙從善、趙輊、宋希堯、王爲堯、段九功、宋夢鯉、王爲舜……等同立。

萬曆肆拾年玖月 日。

黄河流域水利碑刻集成·山西卷 二

210. 甘泉井碑

立石年代：明萬曆四十年（1612 年）

原石尺寸：高 115 厘米，寬 65 厘米

石存地點：朔州市朔城區崇福寺文管所

甘泉井

□□嘉靖二十八年歲次己酉□同府……

萬曆四十年歲次……大同……

補脩社廟碑記

211. 補修成湯廟記

立石年代：明萬曆四十二年（1614 年）
原石尺寸：高 149 厘米，寬 67 厘米
石存地點：晋城市陽城縣潤城鎮王村

〔碑額〕：補修社廟碑記

補修成湯廟記

《易》曰："……吉凶。"由此觀之，天地鬼神不在幻化杳冥之中，即在當人之身矣，又何以立廟宇而崇祀之也？孔子曰……特爲諂媚者立防耳，非謂鬼神與民義二之也。誠知人與鬼神相通之處，則人非鬼神不祐，鬼神……夫尸而祝之、社而稷之，皆所以致孝乎鬼神而陟降乎人心者也。况雨暘時若，祈灾禳患并生成報答……者矣！是邑大廟，巋然爲一村之主星，伏臘奔走，春秋享獻，有自來矣。創速陵弛，修而葺之者非一時。至明萬曆……社弟王家相等睹其湫隘不足以妥靈，揭處而又棁桷摧折，丹堊剥陊，咸感激曰："廟所以格鬼神，蔭庥……遺之咎？將何以儌福冥惠乎？"於是集金若干緡，鳩若工，庀若材，拓若址，而就乃事。作始於季秋元旦，飾正殿、五……規模焕然一新矣！越明年九月望日，復修神馬栅欄、兩角楼二楹、城門楼三楹，增修門二層。萬曆戊申……西房、東西攔馬墻并大門城墻等、五道殿東南角楼五楹。萬曆庚戌九月二十二日二廊殿前修東房三楹。不数……一方之癘疫頓息，士奮於黌，農耦於野，歲無大復，僉曰："惟神之休。"乃相與磬石，謁余爲文。余惟神聰明正直萬歲，保厘我氓孔安寧有既乎？敬摭巔末，以誌不朽云。

山東東昌府……侄生員王提書，施銀四錢。

（以下布施人花名略而不録）

大明萬曆四十二年七月吉日立。

212. 祈雨碑記

立石年代：明萬曆四十三年（1615 年）
原石尺寸：高 40 厘米，寬 64 厘米
石存地點：晉中市壽陽縣方山

祈雨碑記

乙卯歲，自春徂夏，艱於……旱愈甚，土焦，苗可舉火。……前令郭瑗禱於山之……李長者，而應麒曰：此☐山……☐，風雷交作，大雨如注……哉。神功乎，何不爽如此。……休，四野沾足，歲遂以登……減分數，獨壽邑較往歲……鄉人掩口胡盧矣。惟願……

壽陽知縣莫天麒，主簿……儒學教諭……儒學訓導……

時萬曆四十三年十月朔日……

213. 北董村重修古渠碑記

立石年代：明萬曆四十五年（1617 年）

原石尺寸：高 195 厘米，寬 82 厘米

石存地點：運城市新絳縣北張鄉北董村

〔碑額〕：每畝地該認渠粮壹合壹勺五抄碑記存照

平陽府絳州爲重修古渠以養民生水利事。絳城西北四十里有北董村，其村迤北有一馬首山，其山西北國古馬匹峪廣澗一道，境通神寧縣爲界。彼處落雨，雷鳴水潑，北董闔庄居民仰望水至灌田。先因猛水浩大，將渠口盡衝壅塞，其水不能灌田，以致民貧，錢粮負累。因此闔庄人民同議，管工老人崔尚會、杜尚朝、原尚通、原繼忠并闔村人等，用價銀兩買到稷山縣刘文京、楊世安地壹畝陸分，又買到本村衆家地貳拾肆畝，共地貳拾伍畝陸分，盡行開成渠路，西至大澗，東至山到爲界。在於杜家五老溝砌大閘一座，東西通行過水，用水澆灌者計地壹千肆百餘畝，各照地畝多寡興工出錢。其水至日自上而下，依號挨次澆灌，節年輪流，周而復始。在上不得重復澆灌，在下不得搀越使水，如有奸頑之徒當夫一日不到，罰銀叁分；重澆地壹畝，罰穀壹石，充官恩賑，老人渠長措名呈州到官，不得説理，以憑重究，永爲後利。須至碑者。

溝西渠路杜世付、杜尚得、倍受價銀粮伍升。該付永遠抱納，路該闔渠人等世世管業過水。又杜尚金、杜尚玉有無粮地，□□認官渠粮叁升。

七九渠：寧如年二畝六分，寧懷讓四畝五分，劉正扛五畝六分。

總理地序老人君寵吴承賜。管工老人北崗崔尚會、原尚通、杜尚朝、原繼忠。巡渠渠長：杜世万、原朝京、崔足財、崔邦成、崔邦庫、杜尚周、甯大滿、甯民悦、陳登科、原采、崔足賓、崔登旺、原小二、閆有旺、甯朝聖、甯金保、崔登云、崔登榜、原金玉、杜尚現、姚一相、甯文成、甯文益、甯先若、原忠庫。

西江曰：四十四年，蝗虫□□，復生蝻子，遍地□□。家家鬧譲，户户□□。田苗食□，人遭磨□。要知日期，六月□□。書寫碑記：萬□□□。

風水術氏人：王仕、原□。花村里南行庄石匠人：甯進周、甯金鳶、甯金玉。

萬曆三十五年二月二十四日破土起工，萬曆四十五年四月二十七日吉時立。

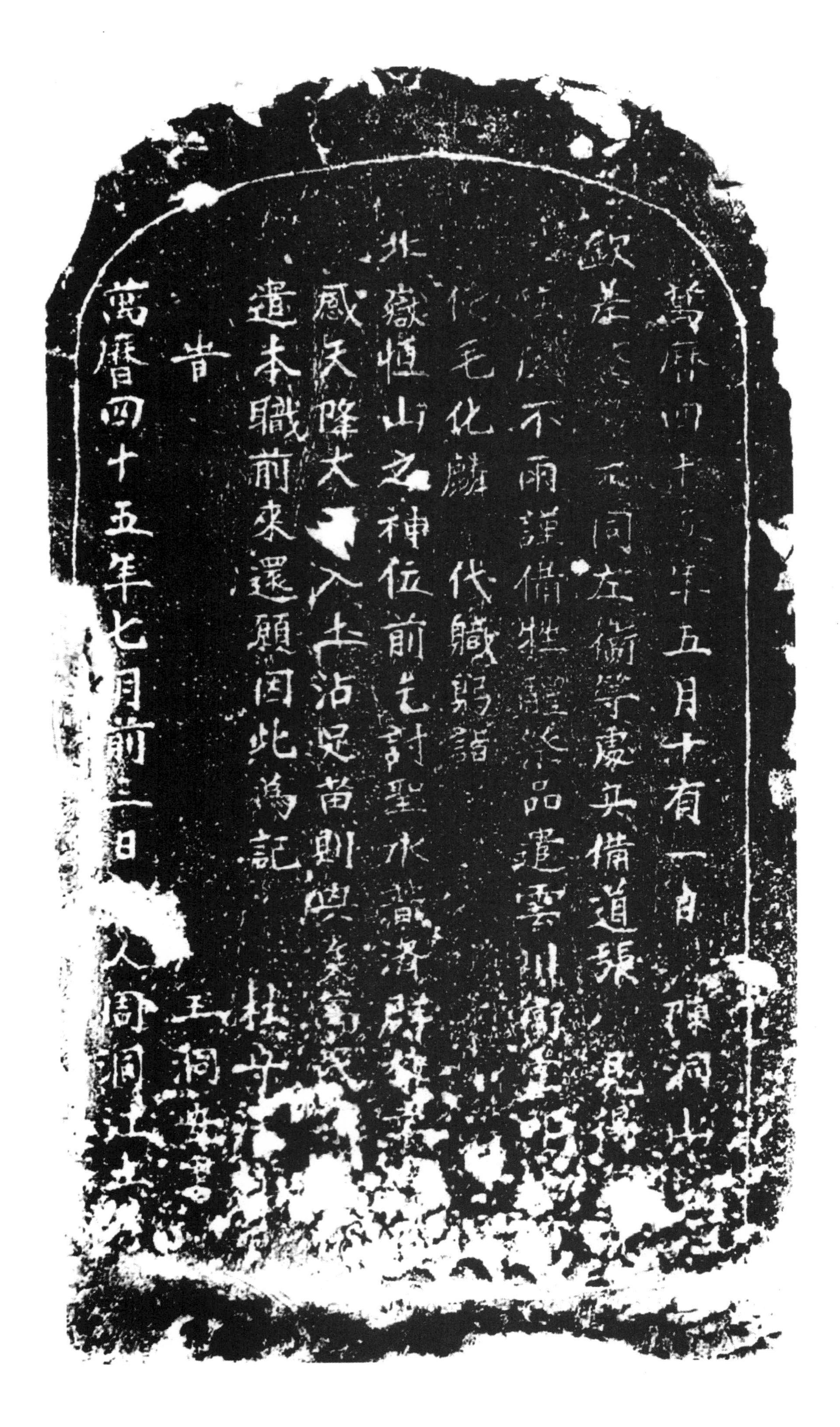

214. 祀雨碑記

立石年代：明萬曆四十五年（1617 年）
原石尺寸：高 78 厘米，寬 32 厘米
石存地點：大同市渾源縣恒山恒宗殿

萬曆四十五年五月十有一日，陳洞山欽差□□大同左衛等處兵備道張，見得□□不雨，謹備牲醴祭品，遣雲州衛□□使毛化麟代職，躬詣北嶽恒山之神位前，乞討聖水，普濟群□。幸感天降大□，入土沾足，苗則興矣。萬民□□，遣本職前來還願。因此爲記。

杜守清撰，王洞安書。

時萬曆四十五年七月前三日，□人周洞江立。

大明
奉院道明文
永不許開洞截
萬曆四十五年秋八月吉旦

215. 永不許開洞截水碑

立石年代：明萬曆四十五年（1617年）
原石尺寸：高94厘米，寬50厘米
石存地點：臨汾市曲沃縣曲村鎮大悲院

〔碑額〕：大明

奉院道明文：永不許開洞截水。

巡守道龍老爺批，本道前委會審争水事理，經詳□合立石，永不許開洞截水。右仰曲沃絳縣知縣，准此。

賜進士第知曲沃縣事商丘周士撰立。

……石匠：張思□、周明□。

萬曆四十五年秋八月吉旦。

216. 重修白龍神廟記

立石年代：明萬曆四十五年（1617 年）
原石尺寸：高 190 厘米，寬 73 厘米
石存地點：晋城市陽城縣鳳城鎮窑頭村白龍廟

〔碑額〕：重修碑記

重修白龍神廟記

白龍神廟在城東南三里之外半崖之中，山川環合，林谷幽邃，甘泉翠柏，種種奇觀，宛然仙境，宜乎神之所栖也。夫神之靈能造福於人，斯人之誠亦能感格乎神。時而亢旱，祈禱輒應。駕風鞭霆，興雲致雨，潤澤蒼生，發育萬物，率皆神之妙用也。每歲四月初三、七月十五日，闔縣士民供獻豐潔，祭畢，享胙雲集於溪徑之間，蟻聚於樹陰之下；彼時神歡民悦，山色增輝，風調雨順，物阜民安，自古記之矣。邇年以來，或雷電失常，或雨澤爽候，或旱魃肆殃，或灾眚叠見，遠近居民，累遭饑饉，流離載道，餓殍枕藉，苦何可言意者！人心玩愒，廟貌傾壞，神不降祥，民不聊生之故歟！前歲萬曆丙辰四月初一日，予因春旱謁廟虔告，適遇諸社首議修廟宇，予即同衆對神祈祝。神靈感應，雨暘時若，穗稔年豐，修葺何難？未幾，而西南鄉冰雹傷禾，近神地土毫無傷損，二麥俱熟，百穀豐登。及八月初一日，予仍詣廟謝神，乃屬諸社首而告之曰："兹當三農告成之候，正百工興作之期，集衆思以經營，立三社以分理。"中社社首張天德、李遐齡、張賞等起修正殿五間，兩角殿東一間、西二間。東社社首陳嘉言、劉九貴等起修東廡樓四間、南過庭三間，東南角樓依然照舊。西社社首田自修、原逢等補修西角殿三間，創修西廡樓五間。經始於八月初一日，落成於十月二十九日，大約不三月餘修成殿廡二十多楹。殿以内神像金妝，殿以外墻垣壯麗，棟宇峻隆，輪奂鼎新，規模體制則增美於前而光大於後。越今歲丁巳七月内，蝗蝻大傷苗稼，吾邑從來未有之灾也。獨近廟周圍穀豆黍稷僅存一二。諸社首蒙荷神祐，驅逐妖氛，求予筆其事以彰顯應。予雖不文，敢没神之功而孤人之托哉！竊惟民非五穀不生活，五穀資天澤以成熟，然而雲雷風雨之司灾祥休咎之柄，統於上帝，非他神所得專也。惟神奉天之命坐鎮一方，凡民間旱澇疾苦，禱於神者，神即矜憫爲之聞於上帝。請沛甘澍以蘇旱灾……消陰翳，錫休祉以祛癘疫，施庇祐以扶凋尫，神惠廣布，則人心感戴自不能忘。而成功之速，良有以哉！噫！此廟之重修，匪直爲廟。爲廟以妥神，爲神以庇民，爲民以事神，一舉而三善備焉。更望後之人誠敬匪懈，祀事孔修，其所獲福於神者，豈不愈久而愈無量哉！因勒石以垂不朽云。

賜進士第通議大夫河南布政使司右布政使七十叟平寰田立家撰，省祭官田大成書。

萬曆四十五年歲次丁巳菊月吉日。

217. 重修成湯聖帝神廟記

立石年代：明萬曆四十五年（1617 年）

原石尺寸：高 135 厘米，寬 58 厘米

石存地點：晋城市陽城縣次營鎮澤城村成湯廟

古濩澤縣，天寶間遷東，□改爲澤州。由衙道土地祠前，居民建立湯帝祀焉，盖有年矣。其開基始於皇統，至□□□□，記歲六十。重修焉，分殿東厢房至東行廊、舞庭，屬豆村；分殿西厢房至西行廊、端門，屬澤城。一時改造，□□□目，獨舞庭稱最。然先民立祀之意未能盡□，而大約莫過祈福禳灾，有禱即應，爲歲田雨澤，十有其半也。噫！聖德若帝湯、堯、舜而下，□多得也，而自新新民至矣，盡矣。説者曰："惟聖格天，惟天眷□。□年之旱胡爲乎來哉？"乃時數使然，于德何累！當時禱雨桑林，以十事自責方畢，而大雨沛然矣。人有東平，淅城□亦屢禱屢應□哉！濩澤之祀有由然也。無奈年深日遠，時异世殊，而風雨摧殘者不一，而廟貌□保不壞乎？時窗户側者有之，墻櫓頽者有之，儂自童而過之，一見一嘆息焉。有能重義施財者誰？有能倡義舉而甘心爲首者誰？有能□□不辭而樂於興作者又誰？惟見蛛網横垂，階草任緑，狐踪……恒積吾鄉之左者，悲哉！爾來鄉中名國□孫姓者，與景凰、高國忠、劉尚、寧樊共爲友，夥於向善，動於作好，□爲志。他日信步□□□□□毁敗，乃憫然不悦曰："國重農務，農事敬天，未有知敬天而敢於慢神社者。况吾鄉舊爲縣居，而忍……而不更者，誰之過乎？"嗚呼！善□□□□議之，約日定期，明告村童，同爲盛舉，沿門化布，文錢不私；且……不惜。而三五年來，一修佛殿、子孫祠，立聖像；繼修西行廊、端門；再修五虎殿。磚石整固，朴而不華……爲於衆力，……倡率，高之圖謀，樊劉之□□□能成耶？烏……則大矣。矧於先民立祀之意，亦不少負。功完……

賜進士出身中憲大夫河南潁川道兵備副使賈之風撰，鄉進士辛卯科文林郎山東陽信□□□知縣張志芳書。

時萬曆四十五年歲次丁巳仲冬吉旦。

碑記

218. 重修觀音龍王廟碑記

立石年代：明萬曆四十七年（1619 年）

原石尺寸：高 140 厘米，寬 60 厘米

石存地點：太原市古交市河口鎮耿家莊村

〔碑額〕：碑記

重修觀音龍王廟碑記

蓋謂天地儲精神通之大也。觀音身游於南海，廣宏世之願，八難恩傳於東土，有五龍聖母之靈感也。與天地合其德，與日月合明，四時合其序，鬼神合其吉凶。天高惟聖人可以知天，神廟惟聖人可以知神，可以知天而知神者矣。今有晋陽西郡河口都耿家庄，離城九十余里，有觀音殿、龍王廟二所，年深頹毁，照月穿風。有本村功德主耿顯、耿全、耿威衆人謪議，謹發虔誠，思前代之劳心，嘆觀音五龍聖母之零廢，募化十方，鳩籍衆姓，各意輸財。隨無大工深德，衆人相住，觀音殿補塑金妝，龍王廟存揭瓦，内畫出入之神，明金五彩，焕然一新也。保皇王水土之恩，乞天下萬民樂業。開光圓滿，慶賀之神，立碑一統。上書意姓之名、本村施財而修理、鳩籍衆姓，而誠工修以明白，何不美哉！前事以完，乃爲後人之龜鑒也。

本村功德主：耿顯、芦氏，男看庄子、看明子、看园子；耿全、温氏，男耿伏清、弓氏，耿伏源；耿威、張氏，男田伴兒。

糾首：耿順、耿尚伏、耿尚義、耿尚儉、耿尚滿。

施地主：耿尚澤、王氏，男耿顯、芦氏。

木匠：武應成、男武友。

儲山僧：真梅、真用、洪海、德享、洪益、宗海。

住持僧：福江、性明、真湖、法玉、覺清。

本縣丹青：范玘。

畫匠：張登、范玘。

鐵匠：衛朝林。

本縣西名都西社村石匠：趙惠、男趙應登、孫男滿家喜，趙忠、男趙應享。

時大明萬曆四十七年歲次己未孟冬末旬吉旦。

趙城縣知縣劉　為妥
神恤民定畫一以垂萬世事照得
霍山明應王水神北霍渠舊有盤祭每歲朔
望節令計費不下千金皆屬值年溝頭攤
派地畝每畝甚有攤至肆伍錢者神之所
費什一奸民之乾沒什九百姓苦之本縣
一入境即聞知此弊及查閱祭品血食止
具一羊餘悉屬麪魚麪蛇等靡濫無用之
物無論民財可惜即神亦必吐本縣深為
痛恨校正月朔酌定銀肆兩牲一羊一豚
果品等物比舊精潔不事煩縟餘祭盡皆
裁革據此永行神其可歆民不稱艱又訪
得一等奸民仍復科派照舊不減詢之紳
衿皆稱無籍溝頭藉口祭減恐水小其弊
牢不可破夫祭因水設以報功德非先有
祭而後有水也若以祭之煩簡定水之大
小假令陳犧牲於旱荒之野可得湧泉乎
貳簋可用享又何說也據此一語真可發
一咲復行查選歷年公直渠長協同條議
校正季祭并在渠各項費用逐一細開摘

219-1. 水神廟祭典文碣（一）

立石年代：明萬曆四十八年（1620年）

原石尺寸：高62厘米，寬88厘米

石存地點：臨汾市洪洞縣廣勝寺鎮廣勝寺

趙城縣知縣劉爲妥神恤民，定畫一以垂萬世事：

照得霍山明應王水神，北霍渠舊有盤祭，每歲朔望節令，計費不下千金，皆屬值年溝頭攤派地畝，每畝甚有攤至四五錢者。神之所費什一，奸民之乾没什九，百姓苦之。本縣一入境，即聞知此弊，及查閱祭品血食，止具一羊，餘悉屬麵魚、麵蛇等靡濫無用之物，無論民財可惜，即神亦必吐。本縣深爲痛恨，校正月朔，酌定銀肆兩，牲一羊、一豚、果品等物，比舊精潔，不事煩縟，餘祭盡皆裁革。據此永行，神其可歆，民不稱艱。又訪得：一等奸民，仍復科派，照舊不減。詢之紳衿，皆稱無籍，溝頭藉口祭減，恐水小，其弊牢不可破。夫祭因水設，以報功德，非先有祭而後有水也。若以祭之煩簡，定水之大小，假令陳犧牲於旱荒之野，可得涌泉乎？貳簋可用享，又何説也？據此一語，真可發一笑。復行查選，歷年公直，協同條議，校正季祭，并在渠各項費用，逐一細開明（接下碑）

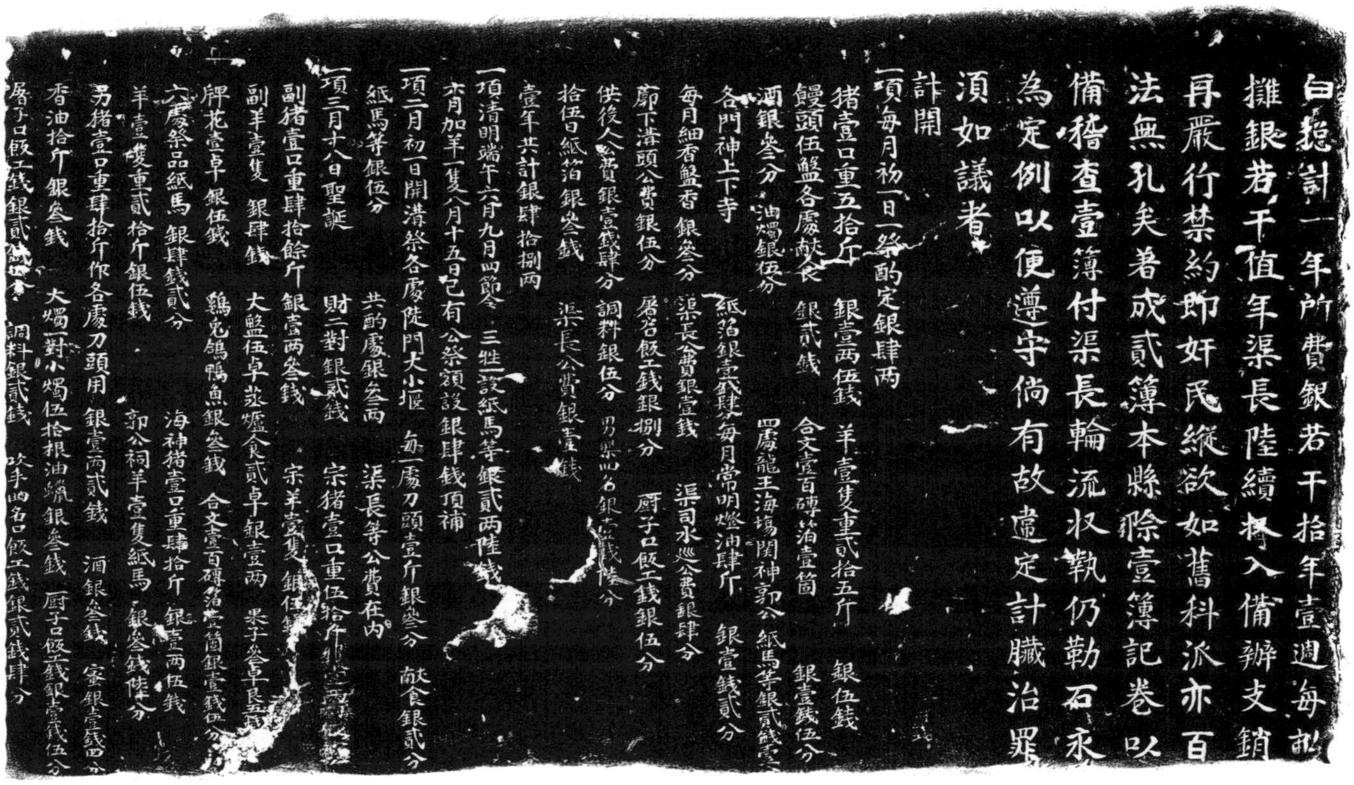

219-2. 水神廟祭典文碣（二）

立石年代：明萬曆四十八年（1620年）

原石尺寸：高62厘米，寬100厘米

石存地點：臨汾市洪洞縣廣勝寺鎮廣勝寺

（接上碑）白。總計一年所費銀若干，拾年壹周，每畝攤銀若干。值年渠長陸續收入備辦支銷，再嚴行禁約，即奸民縱欲如舊科派，亦百法無孔矣。著成貳簿，本縣除壹簿記卷以備稽查，壹簿付渠長輪流收執。仍勒石永爲定例，以便遵守。倘有故違，定計贓治罪，須如議者。

計開：

一項，每月初一日一祭。酌定銀肆兩。猪壹口，重伍拾斤，銀壹兩伍錢；羊壹隻，重貳拾伍斤，銀伍錢；饅頭伍盤，各處献食，銀貳錢，合文壹百，磚箔壹個，銀壹錢伍分；酒，銀叁分；油燭，銀伍分；四處龍王、海場、關神、郭公紙馬等，銀貳錢壹分；各門神、上下寺紙箔，銀壹錢肆分；每月常明燈油肆斤，銀壹錢貳分；每月細香、盤香，銀叁分；渠長公費，銀壹錢；渠司水巡公費，銀肆分；廊下溝頭公費，銀伍分；屠户口飯工錢，銀捌分；厨子口飯工錢，銀伍分；供役人公費，銀壹錢肆分；調料，銀伍分；男樂肆名，銀壹錢陸分；拾伍日紙箔，銀叁錢；渠長公費，銀壹錢。壹年共計銀肆拾捌兩。

一項，清明、端午、六月、九月四節令。三牲一設紙馬等，銀貳兩陸錢。六月加羊一隻。八月十五日已有公祭額，設銀肆錢頂補。

一項，二月初一日開溝祭。各處陡門、大小堰，每一處刀頭壹斤，銀叁分；献食，銀貳分；紙馬等，銀伍分。共酌處銀叁兩，渠長等公費在内。

一項，三月十八日聖誕。財二對，銀貳錢；宗猪壹口，重伍拾斤，銀壹兩……；副猪壹口，重肆拾餘斤，銀壹兩叁錢；宗羊壹隻，銀伍錢；副羊壹隻，銀肆錢；大盤伍卓，蒸爐食貳桌，銀壹兩；果子叁卓，銀伍錢；牌花壹卓，銀伍錢；鷄、兔、鴿、鴨、魚，銀叁錢；合文壹百，磚箔壹個，銀壹錢伍分；六處祭品紙馬，銀肆錢貳分。海神：猪壹口，重肆拾斤，銀壹兩伍錢；羊壹隻，重貳拾斤，銀伍錢。郭公祠：羊壹隻，紙馬，銀叁錢陸分。另：猪壹口，重肆拾斤，作各處刀頭用，銀壹兩貳錢；酒，銀叁錢；蜜，銀壹錢四分；香油拾斤，銀叁錢；大燭一對，小燭伍拾根，油蠟，銀叁錢；厨子口飯工錢，銀壹錢伍分；屠子口飯工錢，銀貳錢四分；調料，銀貳錢；吹手四名，口飯工錢，銀貳錢肆分。（接下碑）

響賽男女[illegible]拾人　銀叁兩　供役办祭人陸名銀叁錢
渠長等公費銀伍錢　渠長貳錢肆分　渠司水巡壹錢肆分　廊下溝頭壹錢貳分[illegible]
一項辛霍嵎龍王四月十五日聖誕　小胡麻村溝頭伺候各村不用
羊壹隻銀叁錢　饅頭叁盤銀叁錢　紙箔銀捌分　油燭銀叁分
酒叁海銀叁分　供事費用銀壹錢陸分　樂户雜劇銀貳錢
以上共計銀玖錢　渠長等公費係祭物
一項八月十五日　猪壹口銀壹兩伍錢　羊壹隻銀伍錢
海塲猪壹口重肆拾斤銀壹兩伍錢　大盤叁卓蒸炉食貳卓銀柒錢
果子銀貳錢　酒銀壹錢伍分　𥼶花銀叁錢　天財壹對銀伍分
合文壹百磚箔壹箇銀壹錢伍分　香油柒斤銀貳錢壹分　蜜銀壹錢
大燭壹對并小烛銀貳錢　関神等七處銀貳錢壹分
厨子口飯工食錢銀壹錢貳分　屠子口飯工錢銀壹錢　樂四名銀貳錢肆分
調料銀柒分　供役办祭人陸名銀叁錢　渠長公費銀壹錢捌分
渠司水巡銀壹錢貳分　廊下溝頭銀壹錢　以上共計銀柒兩
一項正月元旦備絶大油蠟貳[illegible]壹對在廣勝寺供献壹對在城行宮供献務點至正月
終銀壹兩伍錢　一項水巡上下往來巡水偏苦量處銀捌錢
一項廊下溝頭三名逐日聽候使用量處工食銀貳兩肆錢
一項二十四村溝頭六十五名每壹名酌處工食銀伍錢
王開不用看守陡口又祭良不足減工食良捌錢　溝頭照舊数
方堆陡門平伏祭良不足減工食良貳錢　明姜陡口極近不用人祭良不足減工食伍[illegible]
以上共該良叁拾壹兩
一項六十五名溝頭上廟往来盤費良每壹名叁錢　共銀壹拾玖兩伍錢　柴村近廟盤費作動工用力
一項王樂小胡麻二村陡口偏苦量處良壹兩叁錢　内小胡麻止分叁錢
一項柴村溝頭近廟偏苦量處良肆錢　一項大棘陡口偏多難看量加溝頭良叁錢
一項永樂陡口六處渠堰遥遠顧覔看守量加溝頭工食良貳兩玖錢
一項永樂等渠長巡水住歇加溝頭[illegible]承費用良壹兩

219-3. 水神廟祭典文碣（三）

立石年代：明萬曆四十八年（1620 年）

原石尺寸：高 60 厘米、寬 86 厘米

石存地點：臨汾市洪洞縣廣勝寺鎮廣勝寺

（接上碑）響賽男女□貳拾人，銀叁兩；供役办祭人陸名，銀叁錢；渠長等公費，銀伍錢；渠長貳錢四分，渠司、水巡壹錢肆分，廓下溝頭壹錢貳分。上共計銀壹十陸□□□。

一項，辛霍嵎龍王四月十五日聖誕（小胡麻村溝頭伺候，各村不用）。羊壹隻，銀叁錢；饅頭叁盤，銀叁錢；紙箔，銀捌分；油燭，銀叁分；酒叁海，銀叁分；供事費用，銀壹錢陸分；樂户雜劇，銀貳錢。以上共計銀玖錢。渠長等公費係祭物。

一項，八月十五日。猪壹口，銀壹兩伍錢；羊壹隻，銀伍錢。海場：猪壹口，重肆拾斤，銀壹兩伍錢；大盤叁卓，蒸炉食貳卓，銀七錢；果子，銀貳錢；酒，銀壹錢伍分；牌花，銀叁錢；天財壹對，銀伍分；合文壹百，磚箔壹個，銀壹錢伍分；香油，柒斤，銀貳錢壹分；蜜，銀壹錢；大燭壹對并小燭，銀貳錢；關神等七處，銀貳錢壹分；厨子口飯工食錢，銀壹錢貳分；屠子口飯工錢，銀壹錢；樂人四名，銀貳錢肆分；調料，銀柒分；供役辦祭人陸名，銀叁錢；渠長公費，銀壹錢捌分；渠司、水巡，銀壹錢貳分；廓下溝頭，銀壹錢。以上共計銀柒兩。

一項，正月元旦。備絶大油蠟貳對，壹對在廣勝寺供献，壹對在城行宫供献，務點至正月終。銀壹兩伍錢。

一項，水巡上下往來，巡水偏苦，量處銀捌錢。

一項，廓下溝頭三名，逐日聽候使用，量處工食銀貳兩肆錢。

一項，二十四村溝頭六十五名，每壹名酌處工食銀伍錢。王開不用看守陡口，又祭銀不足，減工食銀捌錢，溝頭照舊数；方堆陡門平伏，祭銀不足，減工食銀貳錢；明姜陡口極近，不用人，祭銀不足，減工食伍錢。以上共該銀叁拾壹兩。

一項，六十五名溝頭上庙往來盤費銀，每壹名叁錢，共銀壹拾玖兩伍錢。柴村近庙，盤費作動工用力。

一項，王樂、小胡麻貳村，陡口偏苦，量處銀壹兩叁錢。内小胡麻止分叁錢。

一項，柴村溝頭近庙偏劳，量處銀肆錢。

一項，大棘陡口偏多難看，量加溝頭銀叁錢。

一項，永樂陡口六處，渠堰遥遠，顧覔看守，量加溝頭工食銀貳兩玖錢。

一項永樂寺，渠長巡水往歇，加溝頭應承費用銀壹兩。（接下碑）

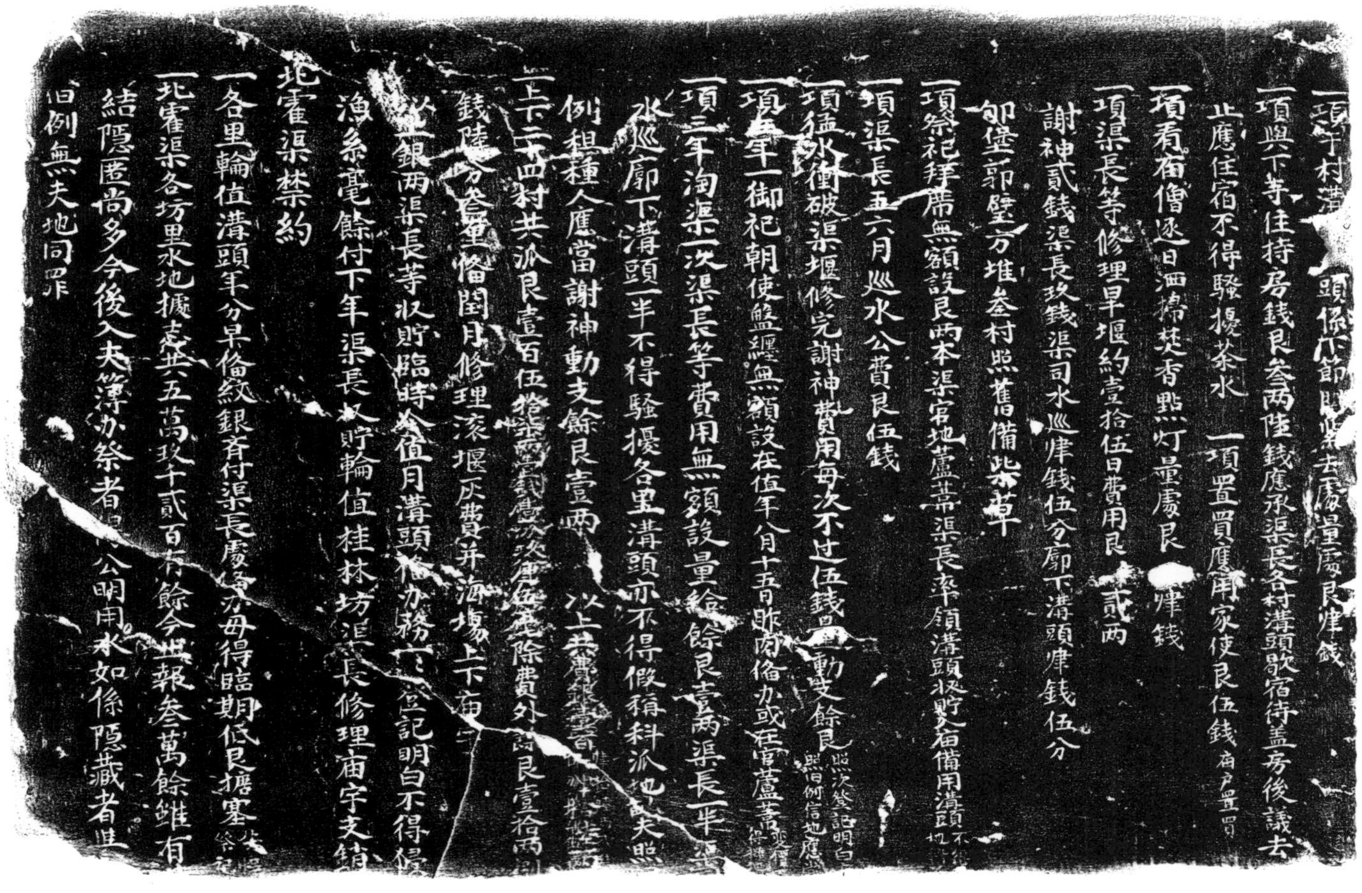

219-4. 水神廟祭典文碣（四）

立石年代：明萬曆四十八年（1620 年）

原石尺寸：高 62 厘米，寬 88 厘米

石存地點：臨汾市洪洞縣廣勝寺鎮廣勝寺

（接上碑）一項，于村溝頭係下節關緊去處，量處銀肆錢。

一項，與下寺住持房錢，銀叁兩陸錢。應承渠長、各村溝頭歇宿，待盖房後議去。止應住宿，不得騷擾茶水。

一項，置買應用家使［什］，銀五錢（庙户置買）。

一項，看庙僧逐日洒掃、焚香、點灯，量處銀肆錢。

一項，渠長等修理旱堰約壹拾伍日費用，銀貳兩，謝神貳錢，渠長九錢，渠司、水神肆錢伍分，廓下溝頭肆錢伍分。郇堡、郭壁、方堆叁村照舊備柴草。

一項，祭祀拜席無額設銀兩。本渠官地蘆葦，渠長率領溝頭收貯，入廟備用，溝頭不得在地科派。

一項，渠長五、六月巡水公費銀伍錢。

一項，猛水衝破渠堰，修完謝神費用，每次不過伍錢，量動支餘銀。照次登記明白，照旧例信地應□。

一項，叁年壹御祀，朝使盤纏無額設，在值年八月十五日胙肉備办，或在官蘆葦變價得攤地。

一項，叁年淘渠一次，渠長等費用無額設，量給餘銀壹兩，渠長一半，渠□、水巡、廓下溝頭一半。不得騷擾各里溝頭，亦不得假稱科派地畝夫。照舊例，租種人應當謝神，動支餘銀壹兩。以上共費銀壹百肆拾陸兩……

一、上下二十四村共派銀壹百伍拾柒兩壹錢壹分玖厘伍毫，除費外，餘銀壹拾兩捌錢陸分叁厘，備閏月修理滚堰灰費，并海場、上下庙宇。以上銀兩渠長等收貯，臨時令值月溝頭備办，務一一登記明白，不得侵漁絲毫。餘付下年渠長收貯，輪值、桂林坊渠長修理庙宇支銷。

北霍渠禁約：

一、各里輪值溝頭年份，早備紋銀齊付渠長處備办，毋得臨期低銀搪塞，失誤祭祀。

一、北霍渠各坊里水地，據志共伍萬玖千貳百有餘。今止報叁萬餘，雖有□結，隱匿尚多。今後入夫簿办祭者，得公明用水，如係隱藏者，與旧例無夫地同罪。（接下碑）

一值月溝頭備办祭牲務與渠長眾同驗過不得臨時刁難以致復行攤派

一渠長等備办祭具時估不止就中酌處不得數內尅落亦不得數外增減

一渠長每出已有額設公費不得騷擾各里溝頭酒席溝頭亦不得借應承渠長[illegible]

一廊下溝頭已有工食等費不得在各里綽收秋夏

一各村溝頭已有額設工食盤費不得仍復科派地畝

一各村溝頭已領工食須用心看守陡門不得偷惰以致侵破渠堰如有侵破本名承當[illegible]

一各村溝頭澆灌地完即閉塞陡口挨次免流不許重澆亦不得以餘水騙錢射利

一三月八日祭祀渠長率領溝頭齋戒致祭不許雜項員役攙入褻神

一各村地畝值鄉官生員宗室姓名令家人代替其餘必須親身正身不許無籍光棍包[illegible]

一下寺之設原為看守霍泉應承香祀往來人等往常科斂無數今已酌定[illegible]

歇公費住持僧再不許在各里綽收秋夏

一樂户饗賽已有公費不許照旧綽收秋夏其樂婦止供粧扮不許夤夜入庵褻神

一北霍渠一帶渠條內載有堆土地濶壹丈貳尺不徵粮被地鄰侵種以致修理渠

堰取土不便今後許值年溝頭耕種以便修理地鄰不得強種

一北霍渠一帶六樹木原為護渠以防浸破除本縣公用民間敢有擅自伐取者渠長稟究

一元旦聖壽節令渠長不許與道覺等村往來遊會攤派地畝

一無夫地本不得用水但既徵水地粮始將餘水照本等日期澆灌渠長等不

得需索措勒夫水地粮者不准此例

一渠長每年春季率領溝頭沿渠空閑處補栽樹木若干如數執結

報縣以憑稽查如違究罪

一北霍渠上下一帶蘆葦除公用餘存貯以備修廟柴椽之用廟户收掌

一共四村共水地叁萬肆千玖百壹拾壹畝壹分零每畝攤銀肆厘五毫捌絲[illegible]

輪每年[illegible]地叁千肆百陸拾壹畝壹分每畝攤銀[illegible]分伍厘

共攤銀壹百伍拾[illegible]兩[illegible]分[illegible]厘[illegible]

219-5. 水神廟祭典文碣（五）

立石年代：明萬曆四十八年（1620 年）
原石尺寸：高 58 厘米，寬 87 厘米
石存地點：臨汾市洪洞縣廣勝寺鎮廣勝寺

（接上碑）

一、值月溝頭備办祭牲，務與渠長眼同驗過，不得臨時刁難，以致復行攤派。

一、渠長等備办祭具，時估不一，止就中酌處，不得数内克落，亦不得数外增减。

一、渠長每出，已有額設公費，不得騷擾各里溝頭酒席；溝頭亦不得借應承渠長攤派地畝。

一、廓下溝頭已有工食等費，不得在各里綽收秋夏。

一、各村溝頭已有額設工食盤費，不得仍復科派地畝。

一、各村溝頭已領工食，須用心看守陡門，不得偷惰，以致侵破渠堰。如有侵破，本名承當許□地畝。

一、各村溝頭澆灌地完，即閉塞陡口，挨次兑流，不許重澆，亦不得以餘水騙錢射利。

一、三月、八月祭祀，渠長率領溝頭齋戒致祭，不許雜項員役攙入褻神。

一、各村地畝值鄉宦生員宗室姓名，令家人代替，其餘必須殷實正身，不許無籍光棍包□。

一、下寺之設，原爲看守霍泉，應承庙祀往來人等。往常科斂無数，今已酌定住歇公費，住持僧再不許在各里綽收秋夏。

一、樂户響賽，已有公費，不許照旧綽收秋夏。其樂婦止供妝扮，不許貪夜入庙褻神。

一、北霍渠一帶，渠條内載有堆土，地闊壹丈貳尺，不徵粮，被地鄰侵種，以致修理渠堰，取土不便。今後許值年溝頭耕種，以便修理，地鄰不得强種。

一、北霍渠一帶上下樹木，原爲護渠，以防侵破，除本縣公用，民間敢有擅自伐取者，渠長稟□究罪。

一、元旦聖壽節令，渠長不許與道覺等村往來筵會，攤派地畝。

一、無夫地本不得用水，但既徵水地粮，姑將餘水照本等日期澆灌，渠長等不得需索掯勒。未徵水地粮者，不准此例。

一、渠長每年春季率領溝頭沿渠空閑處補栽樹木。共栽若干，如数執結報縣，以憑稽查，如違究罪。

一、北霍渠上下一帶蘆葦，除公用，餘存貯以備修庙柴棧之用，庙户收掌。

一、二十四村共水地叁萬肆千玖百壹拾壹畝，壹年每畝攤銀肆厘伍毫，拾年一輪，每年該地叁千肆百玖拾壹畝壹分，每畝攤銀肆分伍厘。共攤銀壹百伍拾柒兩壹分玖厘伍毫。（接下碑）

計開
上節柴村伍陡口溝頭肆名共地壹千玖百伍拾壹畝拾年一輪該地壹
百玖拾伍畝壹分攤銀捌兩柒錢叁分
卯堡村叁陡口溝頭壹名共地陸百玖拾肆畝拾年一輪該地陸拾玖畝肆
分攤銀叁兩壹錢貳分柒厘
郭壁村貳陡口溝頭壹名共地壹千捌拾畝拾年一輪該地壹百捌畝攤銀
肆兩捌錢陸分
方堆村壹陡口溝頭貳名共地陸百叁拾玖畝拾年一輪該地陸拾叁畝玖
分攤銀貳兩捌錢捌分
大棘村玖陡口溝頭伍名共地貳千叁百肆拾畝拾年一輪該地貳百叁拾
肆畝攤銀壹拾兩伍錢叁分
李宕村壹陡口溝頭貳名共地壹千柒百陸拾畝拾年一輪該地壹百
柒拾陸畝攤銀柒兩玖錢肆分
師屯村陸陡口溝頭叁名共地壹千壹百柒拾玖畝拾年一輪該地壹百壹
拾柒畝玖分攤銀伍兩叁錢壹分
王樂村壹陡口溝頭貳名共地貳千貳百畝拾年一輪該地貳百貳拾畝
攤銀玖兩玖錢
小胡麻村與王樂同壹陡口溝頭壹名共地柒百陸拾伍畝拾年一輪該地柒
拾陸畝伍分攤銀叁兩肆錢肆分貳厘
伏牛村壹陡口溝頭陸名共地貳千玖百柒拾捌畝拾年一輪該地貳百玖
拾柒畝捌分攤銀壹拾叁兩肆錢壹厘
明姜村陸陡口溝頭叁名共地捌百叁拾捌畝拾年一輪該地捌拾叁
畝捌分攤銀叁兩柒錢柒分伍厘

219-6. 水神廟祭典文碣（六）

立石年代：明萬曆四十八年（1620 年）
原石尺寸：高 62 厘米，寬 88 厘米
石存地點：臨汾市洪洞縣廣勝寺鎮廣勝寺

（接上碑）

計開：

上節柴村伍陡口，溝頭肆名，共地壹千玖百伍拾壹畝。拾年一輪，該地壹百玖拾伍畝壹分，攤銀捌兩柒錢叁分。

郇堡村叁陡口，溝頭壹名，共地陸百玖拾肆畝。拾年一輪，該地六拾玖畝肆分，攤銀叁兩壹錢貳分柒厘。

郭壁村貳陡口，溝頭壹名，共地壹千捌拾畝。拾年一輪，該地壹百捌畝，攤銀肆兩捌錢陸分。

方堆村壹陡口，溝頭貳名，共地陸百叁拾玖畝。拾年一輪，該地陸拾叁畝玖分，攤銀貳兩捌錢捌分。

大棘村玖陡口，溝頭伍名，共地貳千叁百肆拾畝。拾年一輪，該地貳百叁拾肆畝，攤銀壹拾兩伍錢叁分。

李宕村壹陡口，溝頭貳名，共地壹千柒百陸拾畝。拾年一輪，該地壹百柒拾陸畝，摊銀柒兩玖錢肆分。

師屯村陸陡口，溝頭叁名，共地壹千壹百柒拾玖畝。拾年一輪，該地壹百壹拾柒畝玖分，攤銀伍兩叁錢壹分。

王樂村壹陡口，溝頭貳名，共地貳千貳百畝。拾年一輪，該地貳百貳拾畝，攤銀玖兩玖錢。

小胡麻村與王樂同壹陡口，溝頭壹名，共地柒百陸拾伍畝。拾年一輪，該地柒拾陸畝伍分，攤銀叁兩肆錢肆分貳厘。

伏牛村壹陡口，溝頭陸名，共地貳千玖百柒拾捌畝。拾年一輪，該地貳百玖拾柒畝捌分，攤銀壹拾叁兩肆錢壹厘。

明姜村陸陡口，溝頭叁名，共地捌百叁拾捌畝。拾年一輪，該地捌拾叁畝捌分，攤銀叁兩柒錢柒分伍厘。（接下碑）

中節胡坦村陸陡口溝頭叁名共地壹千貳百壹拾貳畝拾年一輪該地壹

百貳拾壹畝貳攤銀伍兩肆錢伍分肆厘

胡麻庄壹陡口溝頭叁名共地玖百陸拾畝拾年一輪該地玖拾陸畝攤銀肆

兩叁錢貳分

董村叁陡口溝頭貳名共地貳千叁百叁拾陸畝拾年一輪該地貳百

叁拾叁畝陸分攤銀壹拾兩伍錢壹分貳厘

胡麻東西村壹陡口溝頭陸名共地貳千陸百肆拾畝拾年一輪該地貳百

陸拾肆畝攤銀壹拾壹兩捌錢捌分

上紀落村壹陡口溝頭貳名共地壹千柒百畝拾年一輪該地壹百柒拾畝

攤銀柒兩陸錢伍分

楊堡村壹陡口溝頭伍名共地壹千玖百柒拾捌畝拾年一輪該地壹百玖拾

柒畝捌分攤銀捌兩玖錢壹厘

東樂村陸陡口溝頭叁名共地叁千陸拾柒畝拾年一輪該地叁百陸畝

柒分攤銀壹拾叁兩捌錢陸厘[illegible]料銀壹兩

下節于村貳陡口溝頭貳名共地[illegible]貳百貳拾柒畝拾年壹輪該地壹百[illegible]

畝柒分攤銀伍兩柒錢壹厘伍毫

侯村肆陡口溝頭壹名共地叁百伍拾伍畝拾年一輪該地叁拾伍畝伍分攤

銀壹兩陸錢貳厘

王開村壹陡口渠司壹名溝頭壹名共地肆百壹拾肆畝拾年一輪該地肆拾壹

畝肆分攤銀壹兩捌錢陸分叁厘

故池村　溝頭叁名共地玖百陸拾畝拾年一輪該地玖拾陸畝攤銀肆兩

219-7. 水神廟祭典文碣（七）

立石年代：明萬曆四十八年（1620 年）

原石尺寸：高 62 厘米，寬 88 厘米

石存地點：臨汾市洪洞縣廣勝寺鎮廣勝寺

（接上碑）

中節胡坦村陸陡口，溝頭叁名，共地壹千貳百壹拾貳畝。拾年一輪，該地壹百貳拾壹畝貳，攤銀伍兩肆錢伍分肆厘。

胡麻庄壹陡口，溝頭叁名，共地九百陸拾畝。拾年一輪，該地九拾陸畝，攤銀肆兩叁錢貳分。

董村叁陡口，溝頭貳名，共地貳千叁百叁拾陸畝。拾年一輪，該地貳百叁拾陸畝陸分，攤銀壹拾兩伍錢壹分貳厘。

胡麻東西村壹陡口，溝頭陸名，共地貳千陸百肆拾畝。拾年一輪，該地貳百陸拾肆畝，攤銀壹拾壹兩捌錢捌分。

上紀落村壹陡口，溝頭貳名，共地壹千柒百畝。拾年一輪，該地壹百柒拾畝，攤銀柒兩陸錢伍分。

楊堡村壹陡口，溝頭伍名，共地壹千九百柒拾捌畝。拾年一輪，該地壹百玖拾柒畝捌分，攤銀捌兩九錢壹厘。

永樂村陸陡口，溝頭叁名，共地叁千陸拾柒畝。拾年一輪，該地叁百陸畝柒分，攤銀壹拾叁兩捌錢陸厘。崇禎捌年合渠于祭銀内，人祭陡口草料銀壹兩。

下節于村貳陡口，溝頭貳名，共地壹千壹百貳拾柒畝。拾年一輪，該地壹百壹拾□畝柒分，攤銀伍兩柒分壹厘伍毫。

侯村肆陡口，溝頭壹名，共地叁百伍拾伍畝。拾年一輪，該地叁拾伍畝伍分，攤銀壹兩陸錢貳厘。

王開村壹陡口，渠司壹名，溝頭壹名，共地肆百壹拾肆畝。拾年一輪，該地肆拾壹畝肆分，攤銀壹兩捌錢陸分叁厘。

故屯村溝頭叁名，共地玖百陸拾畝。拾年一輪，該地玖拾陸畝，攤銀肆兩（接下碑）

叁錢貳分
南衛村　溝頭壹名共地肆百壹拾貳畝拾年一輪該地肆拾壹畝貳分
攤銀壹兩捌錢伍分肆厘
永豐村水巡壹名溝頭貳名並孔村共地壹千叁百畝拾年一輪該地壹百叁拾畝攤
銀伍兩捌錢伍分
逐月溝頭伺候渠長備祭村分
正月　故屯　南衛村　二月　王開　楊堡　三月　上紀落　胡麻東西
四月　王樂　小胡麻　五月　胡麻左　伏牛　六月　李宿　方堆
七月　柴村　卯堡　八月　郭壁　大棘　九月　師屯　明姜
十月　胡坦　董村　十一月　永樂　于村　十二月　條村　永豐
節令聽候渠長差撥
分胙定規
一每月朔祭　渠長猪首一枚　羊一肘猪肉五斤　渠司猪肉胙貳斤
羊胙壹斤　水巡猪胙貳斤　羊胙壹斤　廟下溝頭猪胙叁斤羊胙三[illegible]
各里溝頭陸拾伍名每名猪羊胙半斤　磨户猪胙一斤　柴村溝頭猪胙[illegible]
廟户猪胙半斤　厨子猪胙一[illegible]　办祭人猪胙貳斤　樂人猪胙四斤
餘胙並雜臟祭品在廟供事人等同用
一項三月十八日胙
正堂大爺宗猪一半　宗羊一半　三爺猪首一枚　羊一肘
四爺猪首一枚　羊一肘　師爺各猪胙叁斤　羊胙叁斤
正途鄉宦各猪胙叁斤　羊胙叁斤　四齋長猪胙六斤
[illegible]房各猪胙叁斤　渠長猪首一枚　猪胙一肘　羊胙一肘
渠司猪胙貳斤　羊胙壹斤　水巡猪胙貳斤　羊胙壹斤　廟下溝頭猪胙叁
[illegible]羊雜臟壹付　各里溝頭陸拾伍名每壹名猪胙半斤　羊胙半斤

219-8. 水神廟祭典文碣（八）

立石年代：明萬曆四十八年（1620 年）

原石尺寸：高 65 厘米，寬 81 厘米

石存地點：臨汾市洪洞縣廣勝寺鎮廣勝寺

（接上碑）叁錢貳分。

南衛村溝頭壹名，共地肆百壹拾貳畝。拾年一輪，該地肆拾壹畝貳分，攤銀壹兩捌錢伍分肆厘。

永豐村水巡壹名，溝頭貳名，并孔村共地壹千叁百畝。拾年一輪，該地壹百叁拾畝，攤銀伍兩捌錢伍分。

逐月溝頭伺候渠長備祭村分：正月，故屯、南衛村；二月，王開、楊堡；三月，上紀落、胡麻東西；四月，王樂、小胡麻；五月，胡麻庄、伏牛；六月，李宕、方堆；七月，柴村、郇堡；八月，郭壁、大棘；九月，師屯、明姜；十月，胡坦、董村；十一月，永樂、于村；十二月，侯村、永豐。節令聽侯渠長差撥。

分胙定規：

一、每月朔祭：渠長猪首一枚，羊一肘，猪肉五斤；渠司猪肉胙貳斤，羊胙壹斤；水巡猪胙貳斤，羊胙壹斤；廓下溝頭猪胙叁斤，羊胙三斤；各里溝頭陸拾伍名，每名猪羊胙半斤；屠户猪胙一斤；柴村溝頭猪胙□□，庙户猪胙半斤，厨子猪胙二斤，办祭人猪胙貳斤，樂人猪胙四斤。餘胙并雜臟祭品在庙供事人等同用。

一項三月十八日胙：正堂大爺宗猪一半、宗羊一半，三爺猪首一枚、羊一肘，四爺猪首一枚、羊一肘，師爺各猪胙叁斤、羊胙叁斤，正途鄉宦各猪胙叁斤、羊胙叁斤，四齊長猪胙六斤，□房猪胙叁斤，渠長猪首一枚、猪胙一肘、羊胙一肘，渠司猪胙貳斤、羊胙壹斤，水巡猪胙貳斤、羊胙壹斤，廓下溝頭猪胙叁斤、羊雜臟壹付，各里溝頭陸拾伍名，每壹名猪胙半斤、羊胙半斤。（接下碑）

崇村潰頭猪胙貳斤 西莊猪胙壹斤 祭品一盤 任村猪胙壹斤

祭品一盤 屠户猪胙壹斤 厨子猪胙壹斤 吹手猪胙四斤

樂人猪肉貳拾斤羊肉拾斤雜牒貳付

六月十五日胙

正堂大爺猪首一枚連肘羊首連肘其餘猪俱猪胙叁斤無羊胙

别項照三月例酌處

一節令祭物俱供事人用不分胙

一三坊條例載在城太郎廟石碑

賜進士第文林郎知趙城縣事汝南息縣劉四端校正立石

趙城縣知縣邢州吴道明 主簿鄭俊科 典史于士傑

儒學署教諭張大竹 訓導馬震祥

山東萊州府高密縣知縣邑人知陽王應豫

闔學生員 楊守節 衛之存 李附鳳 李嘉祥 等仝立石

渠長 張五庭 崔光前 李希白 衛国先 高榮恕 李成惠 王三樂 續光福

萬曆四十八年正月吉旦

縣一□

219-9. 水神廟祭典文碣（九）

立石年代：明萬曆四十八年（1620 年）

原石尺寸：高 65 厘米，寬 53 厘米

石存地點：臨汾市洪洞縣廣勝寺鎮廣勝寺

（接上碑）柴村溝頭猪胙貳斤；庙户猪胙壹斤，祭品一盤；住持猪胙壹斤，祭品一盤；屠户猎胙壹斤；厨子猪胙壹斤；吹手猪胙四斤；樂人猪肉貳拾斤，羊肉拾斤，雜臟貳付。

一、八月十五日胙：正堂大爺猪首一枚連肘，羊首連肘，其餘猪俱猪胙叁斤，無羊胙。別項照三月例酌處。

一、節令祭物俱供事人用，不分胙。

一、三坊條例載在城大郎庙石碑。

賜進士第文林郎知趙城縣事汝南息縣劉四端校正立石。趙城縣知縣邢州吴道明、主簿鄧俊科、典史于士傑、儒學署教諭張大行、訓導馬履祥，山東萊州府高密縣知縣、邑人和陽王應豫，闔學生員楊守節、李附鳳、衛之屏、李嘉祥等同立石。

渠長：張五美、崔光前、李希白、衛国先、高荣恕、李成廉、王三樂、續光禧。

石匠曹□□刊。

萬曆四十八年正月吉旦。

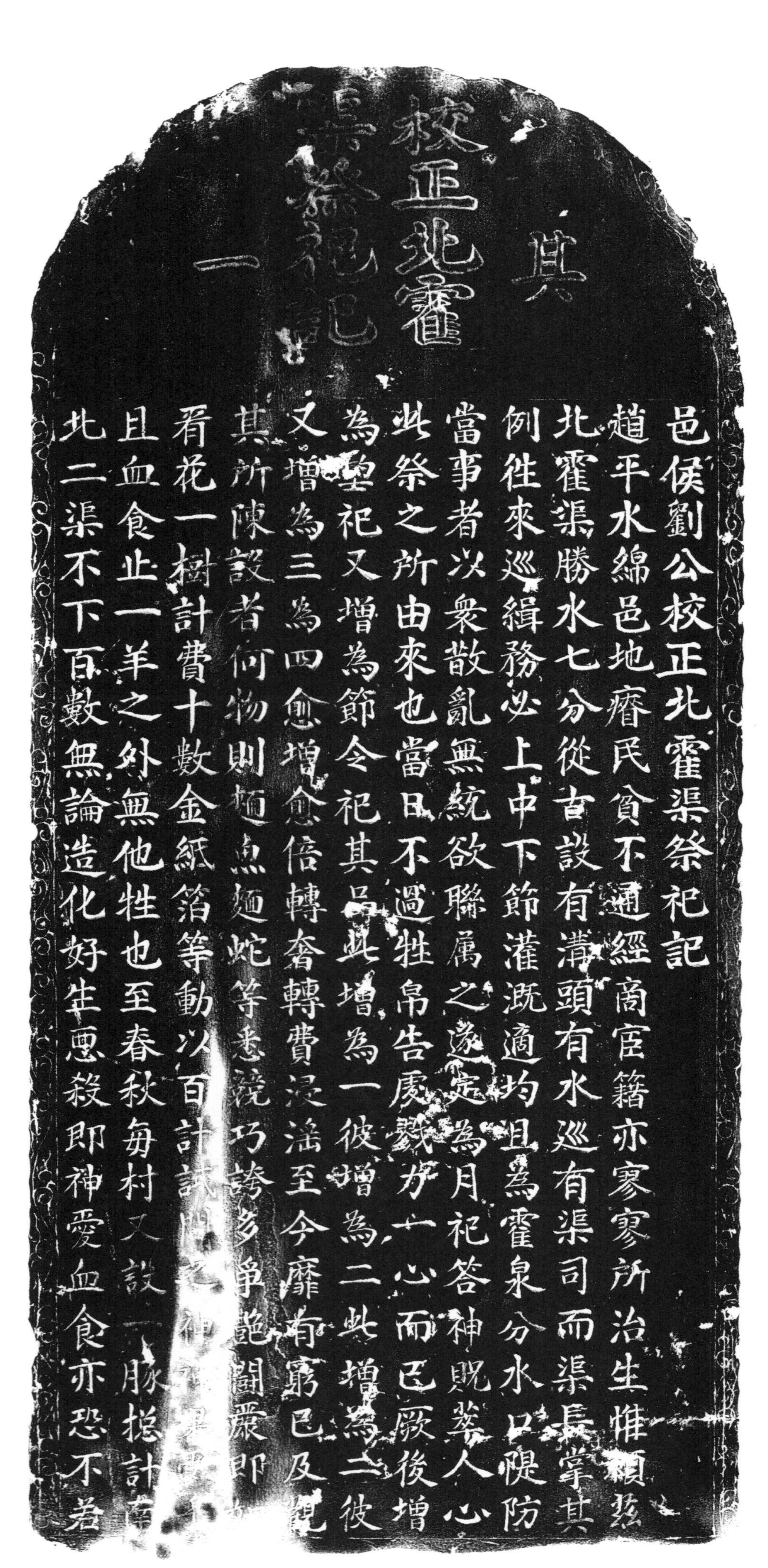

其一

校正北霍渠祭祀記

邑侯劉公校正北霍渠祭祀記
趙平水綿邑地瘠民貧不通經商宦籍亦寥寥所治生惟賴茲
北霍渠勝水七分從古設有溝頭有水巡有渠司而渠長掌其
例往來巡緝務必上中下節灌溉適均且為霍泉分水口隄防
當事者以衆散亂無統欲聯屬之遂定為月祀答神貺萃人心
此祭之所由來也當日不過牲帛告虔戮力一心而已厥後增
為望祀又增為節令祀其品此增為一彼增為二此增為二彼
又增為三為四愈增愈倍轉奢轉費浸淫至今靡有窮已及觀
其所陳設者何物則麵魚麵蛇等悉競巧誇多爭艷鬬靡即
看花一樹計費十數金紙箔等動以百計試問之神[illegible]
且血食止一羊之外無他牲也至春秋每村又設一豚總計[illegible]
北二渠不下百數無論造化好生惡殺即神愛血食亦恐不若

220-1. 邑侯劉公校正北霍渠祭祀記（其一）

立石年代：明萬曆四十八年（1620 年）
原石尺寸：高 140 厘米，寬 64 厘米
石存地點：臨汾市洪洞縣廣勝寺鎮廣勝寺

〔碑額〕：校正北霍渠祭祀記其一

邑侯劉公校正北霍渠祭祀記

趙平水綿邑，地瘠民貧，不通經商，宦籍亦寥寥，所治生惟賴兹北霍渠。勝水七分，從古設有溝頭，有水巡，有渠司，而渠長掌其例，往來巡緝，務必上中下節，灌溉適均，且爲霍泉分水口堤防。當事者以衆散亂無統，欲聯属之，遂定爲月祀答神貺、萃人心，此祭之所由來也。當日不過牲帛告虔，戮［勠］力一心而已。厥後增爲望祀，又增爲節令祀。其品此增爲一，彼增爲二；此增爲二，彼又增爲三、爲四，愈增愈倍，轉奢轉費，浸淫至今，靡有窮已。及觀其所陳設者何物，則麵魚麵蛇等，悉競巧誇多，争艷鬥麗。即□看花一樹，計費十數金，紙箔等動以百計。試問之神，神果□乎？且血食止一羊之外，無他牲也。至春秋，每村又設一豚，總計南北二渠不下百數，無論造化好生惡殺，即神愛血食，亦恐不若（接下碑）

其

改正北霍渠祭祀記

三

是修此猶藉口于神也神之所費不過什之一耳其中百計科歛不曰渠盛之費則曰筵會之費不曰往還之費則曰築濬之費祭無定品費無定數歲靡千金如填谿壑無他皆無藉之徒身無寸土冒名漁獵圖乾沒以肥家也故地值祭期其所獲不足供所費而易責隣封此不幾以養民者病民乎百姓屢屢告苦日拒一日間有一二議疏通者又沮於好事者之口陰欲射利託言祭一減水勢殺矣嗚呼何説之謬也蓋神因水設祭又因神設崇德報功自是常理若祭隆而水因以隆祭殺而水因以殺則無祭而水遂無乎若然則蕭閭窮巷何難一祭荒野之區而盛牲豊醴則率土皆潦原而普天無旱鄉也會萬曆戊午天中劉公以名進士擢縣令趙以來最乏進士令茲土者公不鄙

遺捧

220-2. 邑侯劉公校正北霍渠祭祀記（其二）

立石年代：明萬曆四十八年（1620 年）
原石尺寸：高 137 厘米，寬 62 厘米
石存地點：臨汾市洪洞縣廣勝寺鎮廣勝寺

〔碑額〕：校正北霍渠祭祀記其二

（接上碑）是侈，此猶藉口于神也。神之所費，不過什之一耳。其中百計科歛，不曰粢盛之費，則曰筵會之費；不曰往還之費，則曰築浚之費。祭無定品，費無定數，歲靡千金，如填谿壑。無他，皆無藉之徒，身無寸土，冒名漁獵圖乾，没以肥家也。故地值祭期，其所獲不足供所費，而易賣鄰封，此不幾以養民者病民乎？百姓屢屢告苦，日捱一日。間有一二議疏通者，又沮於好事者之口。陰欲射利，託言祭一減，水勢殺矣。嗚呼！何説之謬也。盖神因水設，祭又因神設，崇德報功，自是常理。若祭隆而水因以隆，祭殺而水因以殺，則無祭而水遂無乎？若然則蕭閭窮巷，何難一祭。荒野之區，而盛牲豐醴，則率土皆潦原，而普天無旱鄉也。會萬曆戊午，天中劉公以名進士擢縣令，趙以來最乏進士令兹土者，公不鄙遺，捧（接下碑）

校正北霍渠祭祀記 其三

命而來詎非天假之幸哉公入境清如寒潭明如秋月訪閭民間
利病無不欲興起疏剔一闢北霍渠流弊至此髮為上指遂校
正祭儀汰繁存簡去粗留精羊外另設一豚其有益於神無損
於民者寧從其豐其有損於民無益於神者寧從其簡無非上
妥
明神下恤百姓為千萬世造無疆之福耳而好事者雖嘵嘵鼓舌
至此始俛首帖服矣公猶謂去弊莫若盡立法垂不朽欲勒石
永為畫一恐土俗不一弊孔未悉革一弊復生一弊長此安窮
迺藉手不佞豫豫土著之姓不勝耳聞目擊久矣義何敢辭迺
集歷年公直渠長校議釐正體公之意精潔處多靡濫處少歲
有定祭祭有定額及用力之人用財之孔俱一一處置無遺且
設為禁約條目森嚴後縱有無藉奸民復出欲仍為昔之科派

220-3. 邑侯劉公校正北霍渠祭祀記（其三）

立石年代：明萬曆四十八年（1620 年）

原石尺寸：高 140 厘米，寬 65 厘米

石存地點：臨汾市洪洞縣廣勝寺鎮廣勝寺

〔碑額〕：校正北霍渠祭祀記其三

（接上碑）命而來，詎非天假之幸哉！公入境，清如寒潭，明如秋月，訪問民間利病，無不欲興起疏剔。一聞北霍渠流弊至此，髪爲上指，遂校正祭儀，汰繁存簡，去粗留精。羊外另設一豚。其有益於神，無損於民者，寧從其豐；其有損於民，無益於神者，寧從其簡。無非上妥明神，下恤百姓，爲千萬世造無疆之福耳。而好事者雖嘵嘵鼓舌，至此始俯首帖服矣。公猶謂：去弊莫若盡立法、垂不朽，欲勒石永爲畫一。恐土俗不一弊，孔［恐］未悉革一弊，復生一弊，長此安窮？乃藉手不佞豫，豫土著之姓，不勝耳聞目擊久矣，義何敢辭？乃集歷年公直渠長，校議厘正，體公之意，精潔處多，靡濫處少，歲有定祭，祭有定額。及用力之人，用財之孔，俱一一處置無遺，且設爲禁約，條目森嚴，後縱有無藉奸民復出，欲仍爲昔之科派（接下碑）

其　校正北霍渠祭祀記　四

無繇也豫寧不為神哉神處静不貴擾神至公不狥私神為民
不問祭苟有明信澗溪沼沚之毛蘋蘩温藻之菜筐筥錡釜之
器潢汙行潦之水可薦於鬼神何必事縟節靡民財為顧與衆
夙宵忝酌寢食俱廢越旬日廼定此非細故也一日定之千萬
世由之儻其間毫有不公不信無可對於神明不佞豫當先身
其咎即今不能狎好事者之口萬世而下知我者其在此乎趙
民獲福無疆而頌公之德於不朽者不將與霍泉同一無窮極
也耶公諱四端别號心統汝南息縣人丙辰進士筮仕首政謹
勒諸石用記歲月云
鄉進士文林郎山東萊州府高密縣知縣邑人和陽王應豫謹識
萬曆庚申正月吉旦
趙城縣知縣邢州吳道明　主簿鄧俊科　典史于士傑
儒學署教諭張大行　訓導馬履祥
閤學生員　李友松書　衛之屏　楊守節　李附鳳　李嘉祥　劉之俊篆　等
渠長　張道統　張五美　李希白　高榮塋　王三樂　崔光前　衛国先　李成應　續光禧　仝立
主僧周珮
玉工曹国臣刊

220-4. 邑侯劉公校正北霍渠祭祀記（其四）

立石年代：明萬曆四十八年（1620 年）
原石尺寸：高 137 厘米，寬 66 厘米
石存地點：臨汾市洪洞縣廣勝寺鎮廣勝寺

〔碑額〕：校正北霍渠祭祀記其四

（接上碑）無繇也。豫寧不爲神哉！神處静，不貴擾，神至公不徇私，神爲民不問祭，苟有明信。澗溪沼沚之毛，蘋蘩温藻之菜，筐筥錡釜之器，潢污行潦之水，可薦於鬼神，何必事縟節靡，民財爲顧與？衆夙宵參酌，寢食俱廢，越旬日乃定，此非細故也。一日定之，千萬世由之。儻其間毫有不公不信，無可對於神明，不佞豫當先身其咎，即今不能弭好事者之口。萬世而下，知我者其在此乎？趙民獲福無疆，而頌公之德於不朽者，不將與霍泉同一無窮極也耶。公諱四端，别號心統，汝南息縣人，丙辰進士，筮仕首政。謹勒諸石，用記歲月云。

鄉進士文林郎山東萊州府高密縣知縣邑人和陽王應豫謹識。

趙城縣知縣邢州吴道明，主簿鄧俊科，典史于士傑，儒學署教諭張大行，訓導馬履祥，闔學生員李友松書，衛之屏、楊守節、李附鳳、李嘉祥、劉之俊等篆。

渠長張道統、張五美、李希白、高荣恕、王三樂、崔光前、衛國先、李成廉、續光裕，同立。

主僧周珮，玉工曹國臣刊。

萬曆庚申正月吉旦。

重脩聖王廟記

221. 陳村重修聖王廟碑記

立石年代：明天啓元年（1621 年）
原石尺寸：高 150 厘米，寬 68 厘米
石存地點：臨汾市霍州市白龍鎮陳村聖王廟

〔碑額〕：重修聖王廟碑記

竊嘗謂之□廟貌以維新，□以妥神靈也，作聲樂□殷荐，所以報功德也。……顧有不必祀而祀者，有祀之而無當於民生，無裨於國計者。此無益之祀，不必爲無益之費也。獨有聖王之神，司我民間禾稼，保我闤闠桑蚕。上而國課軍需，下而民生日用，無不藉明神以翊□□與司農司穡□□□□相爲表裏者也。霍城西南仁四里名陳村者，古有聖王廟一座，□□□舊矣。近因年久塌圮疏漏，萬曆己未歲，鄉老田友益等發設誠心，會議渠長、甲頭等，咸云上下……地有□□□□西門上獅子口泉水，由仁二、仁三經過，灌溉地畝，莫非托神力也。今地雖衝塌，古渠猶存□有灘地……以爲濟潤之本，雖地磽民疲，亦不可不修妥神之宇也。于是遂協力募緣，重修正殿三楹，右傍土□神祠□□□□相爲鼓率，喜舍資財，不再歲而告成。每歲三月二十五日聖誕之辰，鄉□□民等衆迎神响賽。每見人喜神歡，時和□豐，异日人豪俊、家富潤，恒必由之矣。盖美哉一方之觀……民之祐恃也。至庚申歲，鄉老楊梧等，切思响賽之□，所以快神目而壯華美者也，顧可不創建楼閣，而使□倫之□□覆被。與同衆僉議，遂竪立樂亭三間，仍整砌甬路，修飾墻壁。是年仲秋，厥功告成，廟宇焕然一新。衆□議云……無以表功德。因持狀問記於予，予謹以始末□□□編，仍將督功施財人位備序于後，以垂永久云爾。

壽官張第撰，後學張鳳翼書。

（以下施錢人姓名及金額略而不録）

石匠王一林、張進才、李特秋同刊。

時大明天啓元年歲在辛酉孟□□。

新建蓮池記

222. 新創蓮池記

立石年代：明天啓元年（1621 年）

原石尺寸：高 160 厘米，寬 66 厘米

石存地點：運城市鹽湖區解州關帝廟

〔碑額〕：新創蓮花池記

新創蓮池記

歷考亘古以來，聖帝明王赫奕當代，然遑遑隨世湮没，傳之史册，仿佛其事迹。惟關聖帝，英靈住世，歷漢至今千五百餘年，莫可磨滅。其祠宇遍天下，人無不凜凜崇奉，而在解者更巍峨宏麗。解人士尤崇奉□□，蓋解属锺靈之地云。後因香火抵充國税，累年缺修補費，殿廡漸頹圮。先州守唐公有感於黄冠之奏，轉詳院道批允修葺，委前王二守，估計工費約一千七十兩零。適唐公陞去，熊公相繼未久，遷延至二年外未行。會今霖□公張堂尊甫下車，即毅然舉是事，命不佞總摄之。選省祭鄉耆中忠誠者董用寬、丘養龍督理之，又省祭劉養民等十三人分理之。廟前大坊首興工，張堂尊見坊南隙地數十餘畝中一池，深丈餘，即慨然曰："此地可種蓮。"因下爲川澤，爲力甚易也，且北映帝宫，可壯觀。時已季春，即遠構［購］蓮秧數十株栽其内。彼時不佞執諺説："蓮過穀雨日栽則不花。"堂尊云："不然也。"未幾，生機浡發，漸吐葉；又未幾，生一二菡萏已，自稱奇；無何，花滿池，開數百十朵，其茂盛若經數載，結蓮實大而蕃。凡解鄉紳士民及外郡邑香客、行商望之者，無不人人奇异，恍若帝靈助其間者。維時，有意在池南建一蓮亭，因廟工未完，暫待之。及今年春正月，廟工報完，堂尊即捐俸金，金聖躬。旋又修老子廟暨官廳，旋又創蓮亭三楹。其蓮池水取給南山泉，因連歲亢旱，水不常繼，又不欲分士庶灌田之利，命池邊鑿井二眼以灌之，委省祭董用寬督其事。時不佞不幸丁母憂，因扶柩乏費艱於行，亦時監修其内，不一月而功告成。省祭輩向不佞前請記勒石，以識不朽。不佞一腐儒也，愧不能文，且蘄然在憂戚之中，其何成思？然實不忍泯没張堂尊之明德，故不揣鄙俚而爲之記。至堂尊遠韻清標，雅所稱蓮花之君子者，解鄉紳士民當自有口碑在。是舉也，經始於萬歷四十八年二月，斷乎於天啓元年三月。捕衙焦兄始至，亦捐金鑿井，共助其美。道官武和英奔走效勞，於亭東隅造道院一區，令住持之以看守池亭焉。

天啓元年三月吉旦解州同知易易張九州撰。

督工丘養龍、冠禄、吕慶、李國琦、南國英、董用寬、張三易、李嘉祥、丘永芳、吉國安、劉養民、王懋德、王弘學、史建勛、辛榮，同立。

鶴雲山人尹三徵理石。

創立玉皇廟碑
日
月
玉皇廟記

223. 創建玉皇廟記

立石年代：明天啓二年（1622 年）

原石尺寸：高 142 厘米，寬 47 厘米

石存地點：晋城市澤州縣西上莊街道龐疙塔村玉皇廟

〔碑額〕：創立玉皇廟碑　　日　月

創建玉皇庙記

嘗謂幽明一理，神人一道。人依乎神，神不安則生民無庇；神依乎庙，庙弗飾則鬼神無栖。澤西南嶺東里龐家社，風俗淳厚，人民和美。内有仁德長者龐公，号西山，諱宗憲者，爲鄉之巨擘，禀性仁慈，素好施捨，乃孔庄都孔庄里人也。建庄於是，以歷四世。閭里有不能舉火者，分之以粟；不能婚喪者，給之以財。郡稱公爲仁厚君子。於萬曆十三年擇取吉地，本村之東北，創立玉皇廟一座。正殿五楹，南山門，舞楼三間。自是春祈秋報，雨澤時行，鄉無旱魃，民享豐隆，耕者力田，居者樂業，孰非神之佑耶，實爲公之賜耶！工成刻石，以垂不朽！

郡庠生袁本深書。

（捐資姓氏漫漶不清，略而不録）

社首龐進德同衆叩首立。

天啓二年歲在壬戌秋七月二十日乙卯吉時。

224. 龍王廟翻新碣文

立石年代：明天啓二年（1622年）
原石尺寸：高46厘米，寬65厘米
石存地點：長治市襄垣縣富陽工業園區霍村

霍村之北崗上素有古刹道場，翻盖新鮮，新建□□□□房三楹，樂庭三間。維那善首李道寧、任□恩、李子孝、李自公、李君正、孔登高等□力難成，□衆募化。十方善男信女□□老幼各捨資財，共成聖事。保佑一方風調雨順，國泰民安。

計開：

下店施主：李休香、趙世堯、王孟顯、趙□福、趙相、趙峰、趙誥、李展、李增、秦增、許可升、王道平、李九平、邢拱、王孟牛、王孟姜、王桂、王瓚、趙門李氏、李峰□、李動、李鄘、李茂春、李茂全、範志義、范李正、王江、楊九建、楊九徵、楊門張氏。

北陽村施主：向九成、向九維、向九田、周思成、向天木、宋庭貴、張武魁、李來相、向天保、向天順、向天梓、向天美、向天祥、□登進、向天福。

本村施主：李正科、袁登、孔正□、李冬玘、李子闊、李子艮、袁尚義、王尚義、李子開、李子莫、袁峰、李岩通、李子魁、李子□、袁科、李岩書、李子官、李守倉、李絨、李岩花、李子胤、崔登高、孔其、李自科、徐禄、李士成、任思忠、任登科、李士連、李士興、王之全、任世榮、李士肖、任登峰、崔汝富、任庫、李士才、李士堯、李京、□□登、李君祥、李君福、李自洪、李道忠、李子順、楊木、李天然、李和、孔朝相、韓加曾、□九連。

書寫僧無窮。

□福寺僧人能□，門徒間論。

鐵匠李朝峰，木匠趙進能，石匠楊倫、男楊文。

天啓二年十一月初七日立。

秋樹園重修龍神[illegible]

且先王建社稷以安土地民間立廟宇以妥神功開創者既立常存之

修守者豈越有制之宜要不過審其時論其世頹靡者須當補葺從

小者理宜恢弘黎邑東北四十里許有

昭澤龍神廟古來遠矣[illegible]垣墉毀壞磚坯破碎不惟不能豎一方之感

震且招五路之邪魔有香首江王福與廟主生員張可立同議修飭之

事衆皆悅服各心喜捐資財同心協力共成聖事正殿三間不難鳥[illegible]

而為五兩廊[illegible]斜[illegible]且[illegible]而歸正殿令殿宇高洒窓戶玲瓏山右拱

秀煥然一新[illegible]雖有[illegible]而祭灌有地矣伏願五日風而十日雨

冰雹同旱魃以俱[illegible]生民[illegible]之休九年耕而三年畜福澤偕時而

以嘗流爲姓荷[illegible]之利豈非神以雨有所憑哉鳴呼當連歲湧救之

日獨出精力以勤勞又[illegible]口推調之會不惧人言以豢績豈非其心誠

意[illegible]與神聖相孚來[illegible]半[illegible]屏奏斯其功亦嘉矣苟使湮沒無傳

哉議刻諸石以為後鑑云是役也始於四十四年八月初四日成於

昔天啓二年十一月二十二日立 邑庠生員杜士奇書譔 石匠胡進才 劉君美

225. 秋樹園重修碑記

立石年代：明天啓二年（1622年）

原石尺寸：高118厘米，寬59厘米

石存地點：長治市黎城縣東城關鎮秋樹垣村龍王廟

〔碑額〕：湊厥成功

秋樹園重修碑記

且先王建社稷以安天地，民間立庙宇以妥神功。開創者既立常存之体，守成者豈越古制之舊？要不过審其時，論其世，頽靡者須當補葺，狹小者理宜恢弘。

黎邑東北四十里許，有昭澤龍神庙，古來遠矣。輓近垣墉毀壞，磚瓦破碎，不惟不能竪一方之威震，且招五路之邪魔。有香首江玉福與廟主生員張可立同議修飾之事，衆皆悦服。各人喜捨資財，同心協力，共成聖事。正殿三間，不难易三而爲五；兩廊歪斜，夫且矯偏而歸正。致令殿宇高洒，窗户玲瓏，山岩拱秀，焕然一新。至是則栖神有所而祭灌有地矣。伏願五日風而十日雨，冰雹同旱魃以俱免，生民衹乃粒之休，九年耕而三年蓄，福澤偕時雨以常流。萬姓荷無疆之利，豈非神人兩有所憑哉。嗚呼！當連歲薄收之日，獨出精力以勤劳，又衆口难調之會，不俱人言以湊績。豈非真心誠意、默與神聖相往來，鮮不半途而廢矣。斯其功亦偉矣，肯使湮滅無傳哉？試刻諸石，以爲後誌云。是役也，始於四十四年八月初四日，成於時天啓二年十一月二十一日立。

遼邑生員杜士奇書撰。

石匠劉君美、胡進才。

汾州府汾陽縣三泉里岡頭庄
會議閤村人等惟事南甲之行五德常懷
讚念古跡
龍天廟塌毀稜陊與隆吉地從新建立靈讃
一方風調雨順國正民安聚觀利益光起
布施暫修南窑三眼暑冰茶房三間櫥洛
往來商賈貧艱飢寒渴難西南一帶結緣
施茶募化王貴長者請人布施順意誠施
修廟以完刻石立碑萬古為誌
條理修廟
劉彥自施銀貳拾兩又施
橫嶺地玖畝隨廟認粮肆斗二升一合
經管香老
劉尚榮施銀壹兩
經管糺首
劉廷耀施銀伍兩
郭玄施銀伍兩
劉秉慶施銀伍兩又施
馬家屏地壹拾貳畝隨廟認粮肆斗捌升
劉添德施壹拾兩
劉英施銀壹兩
劉廷法施壹兩
劉東正施壹拾兩

226. 重建龍天廟記

立石年代：明天啓三年（1623 年）
原石尺寸：高 41 厘米，寬 56 厘米
石存地點：吕梁市汾陽市三泉鎮郭莊村龍天廟

汾州府汾陽縣三泉里□□庄，會議闔村人等惟事。南甲心行五德，常懷贊念。古迹龍天庙塌毀，移改興隆吉地，從新建立。靈護一方，風調雨順，國正民安。眼觀利益，先起布施。暫修南窑三眼，暑水茶房二間，憐濟往來商賈貧貶飢寒渴難。西南二甲結緣施茶募化，王貴長者諸人布施。順意誠施，修庙以完，刻石立碑，萬古爲誌。

條理修庙：劉彦自施銀貳拾兩，又施横嶺地玖畝，隨庙認粮肆斗三升二合；經管香老劉尚荣施銀壹兩。

經管糾首：劉廷耀施銀伍兩；郭玄施銀伍兩；劉秉慶施銀伍兩，又施馬家屏地壹拾畝，隨庙認粮肆斗捌升；劉添德施壹拾兩；劉英施銀壹兩；劉廷法施壹兩；劉秉正施壹兩。

天啓三年立秋吉旦。

227. 重修黄龍廟碑記

立石年代：明天啓三年（1623年）

原石尺寸：高117厘米，寬60厘米

石存地點：陽泉市盂縣西烟鎮黄龍窪村黄龍廟

重修黄龍廟碑記

龍之爲靈昭昭也。以爲出於有，然若藏若默，未始有也；以爲泯於無，然若隱若見，未始無也。屈伸变乙，朝而騰□，六合絪緼，往瞬夕而妙運，九有旦也。赤地起火，甘霖□□潤澤，黎民望歲胼胝，藉以收功。我仇猶玉泉鄉，其西一支名曰九龍山，其間有鳳凰臺，盖龍鳳叠興，洵一方之勝地也。上建黄龍廟，其來舊矣，奈年遠歲深，殿宇傾頹。適有鄉耆田進禄、冀朝登，目睹凋殘，心懷扼腕，瞿然思曰："是廟也，實一方倚庇所賴，安忍坐視敝壞乃爾乎？"於是各輸金粟，□工命匠，以成厥事。但見古之爲廟也一，今且增而爲三焉。當其時，幹止凝定，神像森然臨鑒，丹雘塗成，廟祠焕然聿新。猶念承前啟後不可無人，於是属予爲文，勒石以識不朽云。

募緣道士温教林書，邑庠生在田翟現龍撰。

都功德主：鄉耆田進禄，男田官，孫田在龍，重孫田茂秋、田景秋、田豐秋。信士冀朝登，男冀亮、冀月、冀□、冀海，孫冀維仁、冀維廉、冀維显、冀維清、冀維義、冀維禮，重孫冀乾山。

石匠：李宝、尚竹。

木匠：翟懋、翟□全。

時大明天啟三年歲次癸亥仲秋吉旦。

五方德道行雨龍王

228. 五方德道行雨龍王神位碑

立石年代：明天啓三年（1623年）
原石尺寸：高65厘米，寬86厘米
石存地點：大同市渾源縣律吕神祠

五方德道行雨龍王神位
刘朝雨、高汝松、郭廷甫、李邦通、趙思憲、胡應周、張成、李郁、郭揚。
閤會人等：郭鎮、張安、張從只、胡應奇、郭玘、張翼、柳雨、胡應峰、李邦南。
天地三界十方萬靈真□。
石匠田□、梁□。
天啓三年十月吉日立。

229. 五峰山龍池禱雨救民免糧碑記

立石年代：明天啓四年（1624年）

原石尺寸：高139厘米，寬71厘米

石存地點：晋中市壽陽縣五峰山

五峰山龍池禱雨救民免糧碑記

太原府壽陽縣□乞恩允衆公攤糧石事。據本縣四鄉里遞侯汝登等連名告稱，切照壽邑土瘠民貧，惟賴耕養，少延生命，屡屡多遭亢旱，萬姓危苦潮露。於萬曆貳拾陸年間大遭凶旱，百禾立槁，黎民譁聚三五簇，率欲逃亡；一家涕哭兩三行，難分骨肉。此時此情，無計可救。幸遇郭雨□参道元始，有搏挄乾坤之手，有呼風唤雨之奇。見上天之降灾，憫萬民之疾苦，前任縣主鄺公，造廬而請，祈禱雨澤，無禱不靈。遂於西鄉太安驛建立廟宇龍池，修置地田，以爲長住焚修香火之用。内［納］糧貳石柒斗捌升伍，合差伍則。萬民情願□輸，下情難以上達，□乞准理闔縣公攤。不惟郭公久留一方，永沾雨露，而且允遂民願，萬姓共樂歡呼。乞給帖文，刊石豁免，永爲遵守等情。據此看得郭雨師道高德重，實有役鬼驅神、呼風唤雨之術。今歲亢旱，本縣請禱，靈應甘霖，以慰民望。既經各都里遞公議，本廟置地糧差□徵，闔縣相應。准從。爲此，帖仰龍池廟住持管理，常住耕種，道人照帖事理。本縣盡將該廟置地糧貳石柒斗捌升伍，合随糧差伍則，豁免原糧加□。闔縣小民願輸，仍刊石諭衆通知，以垂永久，毋得違錯。未便，須至帖者。

吏部尚書趙公諱南星，北直隸真定府高邑人。

户部尚書李公諱長庚，湖廣麻城人。

吏部尚書崔公諱景榮，北直隸大名府長垣人。

兵部尚書王公諱象乾，山東新城人。

禮部尚書李公諱維真，湖廣京山人。

工部左侍郎柳公諱佐，山東臨清人。

禮部左侍郎董公諱其昌。

都察院左僉都御史左公諱光斗，南直隸桐城人。

山西巡撫李公諱景元，大名府元城人。

山西布政司喬公諱学詩，山東東阿人。

河南巡撫张公諱我續，北直隸邯鄲人。

井陘兵備道游公諱漢龍，南直隸婺源人。

太僕司正卿韓公諱策，北直隸南宫人。

少司馬黄公諱建衷，麻城人。

兵科給事中張公諱鍵，四川廬州人。

武定兵憲白公諱養粹，北直隸永平府人。

户部主事王公諱建□，陽信人。

行人司張公諱三謨，平定州人。

廣平别駕颜公諱維仁，成山人。

山西平定守黄公諱三尚，蕭山人。

趙州守王公諱佐才，洛陽人。

易州守程公諱玉潤，南直隸常熟人。

山東臨邑大尹單公諱養蒙，河南固始人。

趙州鄉官周公諱文英。

禮部主事张公諱翼明，永城人。

山東參政陳公諱德元，山西人。

按察司程公諱啓南，山西武鄉縣人。

□□府鄉官许公諱其忠。

真定府鄉官梁公諱志。

户部主事梁公諱維基，真定府人。

内閣中書王公諱鍾龐，真定府人。

舉人梁公諱維樞，真定府人。

舉人梁公諱維本，真定府人。

□□縣知縣濬公諱庭英，山東新城人。

□定州州判温公諱希文，陝西人。

壽邑典史劉公諱炯然，曲州縣人，置買神路。

各省諸公，因民遭亢旱，請雨師郭真人禱雨靈應，共捐俸銀壹百叁拾兩，置地兩頃叁拾叁畝，□焚修香火，恐歲久湮没，立石□□。

壽陽縣知縣□大捷，縣丞贺汝權，主簿袁夢麟，典史鄭維郡，儒學教諭趙璽，訓導孫日寵。

天啓肆年陸月吉日，雨師郭静中□立。

《五峰山龍池禱雨救民免糧碑記》拓片局部

230. 邑侯周公禱雨靈應記

立石年代：明天啓四年（1624年）
原石尺寸：高117厘米，寬50厘米
石存地點：長治市長子縣靈湫廟

〔碑額〕：周公禱雨靈應碑記

邑侯周公禱雨靈應記

天人之勢懸矣！其感應難，而應之□尤難。然惟誠之未至云爾。若純誠積中，則感格靈應……邑侯周公禱雨事徵之，盖可信其必然者。公自下車來，誠心質行，振芳徽，剔蠹苛，諸所注措，惟……世之三代也。惟時五月，偶爾亢旱，公朝虔禱，暮即雨落，大足异已。迨六月，旱魃肆虐，禾稼焦槁，邑人大爲……率僚屬暨諸父老，躬禱於漳源靈湫神祠。旋車時，即雲蒸霧布。越翼日，甘霖滂沛，風不鳴條，雨不破塊，竟□爲大有之秋。且也接壤稍歉，米價騰□□□便於貨易，而國税早完。溯維原因，皆一念積誠之所致也。《書》曰：“惟德動天。”信不誣矣。穆叔稱“三不朽”，曰立德、立功、立言。公之□誠□□，□蔑以加也。豐稔貽民，盈羡閏國，功何懋焉！詳繹祭文，厚責己，薄怨神，藹然仁人之言，所稱“三不朽”者，公一以備之矣。其祭文當勒諸貞珉，以……余輩請之再肆，公懇辭曰：“雨偶然爾，我何敢貪天功？”余思韓魏公《喜雨詩》云：須臾□滿三農望，却斂神功□□□□公之遜謝謙讓與魏公合符，他日名位勛業定必相等。是爲記。

公諱維新，字伯甫，號顯吾，河南濟源人，萬曆己未□□。

周公禱雨祭文：

桑林六責，甘澍慰農。暴巫助雪，火雲焰烽。祥由和感，异因乖從，位有尊卑，召致實同。職宰巖邑，已六閲月，胡祝融南来□火龍？上蒼降割，灾不虚至，緣民牧行，政之多業，赭衣載道，桁楊號泣，囹圄不能令之空。敲骨吸髓，萇楚抱痛，閭閻咸呼夫二東。禮循故轍，儀不根心，媟褻不敬，穢行久厭于天聰。窮奢極欲，靡民財力，口腹耳目，奉御或過，于禮隆美，利弊政□□勞怨，興革弗急爲上通。封豕長蛇，横肆吞噬，剪剔姑貸夫奸雄。總之，奉職無状，上負君，下負民，中負學，背職上干天和，而何與夫林總。胡乃天不降鑒，爍金石，焦郊原，枯禾黍，致百姓于红爐，而不示罰于厥躬？齊心露禱，陳詞布略，虔率父老□叩神宫，速命雨師，馬鬣洒潤，以滂以沱，救一隅蚩蚩，早脱于火攻，急達帝，代請甘霖，既沾既渥，令天下處處偕樂乎年豐。

儒學訓導，大同府靈丘縣鄧宴頓首拜記。

教谕张□□平赐府□州人，典史武丕□陕西西安府人，……河南□邑县人，□蔡□，□□□，□□□，仝立石。

明天啓四年仲冬穀旦。

231. 重修白龍神祠碑記

立石年代：明天啓五年（1625 年）
原石尺寸：高 142 厘米，寬 54 厘米
石存地點：陽泉市盂縣北下莊鄉西麻河驛村三尖山

重修□□神祠碑記

□□□之艮隅三十里許，地名大山，白龍祠峙焉。俗傳山有三峰：左望海，右□霄，中爲聚仙。紺碧一天，丹青□□，固宜龍神所寧止耳。□□以莅官之再歲，每慮風雨不時，冰雹作厲，蚤夜禋祝，以蘄神相。或以爲此□□山，龍神之栖泊，風雨之司命也。余□亦欲躬禱其□□。比往而峰巒掩映，真令人應接不暇。至則拜贍［瞻］廟貌，古□嚴然，□以經久不□□宇傾壞慨□，思所以重整之。又計飭廟栖神□庇吾民也，倘土木之費不至得，無以庇民，故煩吾民乎！維時□鄉老劉一德等節董其事，委以俸金，給以廩粟，令便吾民，無溢□□□。昉之壬戌七月十有五日，以洎癸亥四月，曾未幾時而□人士競效子來，頓令中殿之一榱煥若兩翼之数楹屹然。是雖□□□首倡而工成且速且易……應當不及，此天龍之靈也。雲行雨施□及天下。余適借靈茲境，不辭是舉，計惟儌神爲民役而非以役民也。幸際……暘時若，□以乞□□祠。余庶幾流潤盂方，無虛所直云爾。

敕封文林郎知□□事咸林張光耀重修併撰。……學劉耀書。

主簿李維藩、□吏王大臣、儒學教諭潘原□訓、□韓民望。

劉忠才、劉一德、王□□、□□□、侯□、侯邦義。

石匠：王□聞，男王□。木匠□□、鐵匠史根。

龍飛天啓五年歲次癸亥仲夏穀旦。

重修水神聖母廟碑記

盂之東北曰水神頭者距城五十里許乃聖母顯靈之地也聖母姓梁氏蓋後周世宗之姑矢志修行誓不適
人遂寄跡於此因以趾[illegible]山有泉故名之曰水神也水神聖母極其靈感諸祈福求嗣禳災卻難者輒有
所禱其應如響以故每年四月四日城市鄉村男女老幼駢然交集虔心頂禮卽一舉一動一火一香罔不
各致其誠自非聖母顯赫烏觀此哉廟制之設不知肇以何年第據碑記萬曆改元之歲有僧圖樹者化緣
重修迄今甲未及週棟宇傾壞聖像剝落修葺不聞其人適我孀母楊氏乃宗叔四川左布政文煥之配也
樂病月餘不痊忽一夕夢聖母冉冉而至歸視乎孀母曰余乃水神也不耐風雨摧殘爾其爲我葺舍我當
起爾病及醒而依稀如在孀母遂慨然曰誠如神教願獨力修補決不敢他有萬從遂鳩工起造未踰月而
體徒如故神之靈感亦至是乎卽聞有勸工者亦吝出於心願非有強也遂修正殿三楹東西曹司三楹暨
禹房僧舍週圍墻垣一一增飾五十年來之廟貌煥然一新作始於三月辛丑落成於四月癸酉計其費不
下五十余金而孀母略無難色亦女中之君子也哉聊藉之石匪直表神之靈以爲好善者勸
大明天啓六年歲次丙寅孟夏朔越二日元[illegible]庠膳生員史萬選謹識
賜進士第通政大夫四川左布政使史文煥同
功誥封母太夫人鄭氏
德誥封　楊氏　文必[illegible]妻[illegible]氏
德誥封妻夫人王氏　男生員史必[illegible]妻[illegible]氏
主　常氏　史必徵妻栗氏
石匠趙[illegible]鐫

232. 重修水神聖母廟碑記

立石年代：明天啓六年（1626 年）
原石尺寸：高 117 厘米，寬 54 厘米
石存地點：陽泉市盂縣

重修水神聖母廟碑記

盂之東北曰水神頭者，距城五里許，乃聖母顯靈之地也。聖母姓柴氏，盖後周世宗之女，矢志修行，誓不適人，遂寄迹於此，因以超凡緣。山有泉，故名之曰水神也。水神聖母極其靈感，諸祈福、求嗣、攘灾、却難者，輒有所禱，其應如響。以故每年四月四日，城市鄉村，男女老幼，駢然交集，虔心頂禮，即一舉一動，一火一香，罔不各致其誠。自非聖母顯赫，烏睹此哉！廟制之設，不知肇以何年。第據碑記，萬曆改元之歲，有僧圓樹者，化緣重修。迄今甲未及周，棟宇傾壞，聖像剥落，修葺不聞其人。適我嬸母楊氏，乃宗叔四川左布政文煥之配也，染病月餘不痊。忽一夕，夢聖母冉冉而至。歸視乎嬸母曰："余乃水神也，不耐風雨摧殘，爾其爲我築舍，我當起爾病。"及醒，而依稀如在。嬸母遂慨然曰："誠如神教，願獨立修補，决不敢他有萬化。"遂鳩工起造，未逾月而體健如故。神之靈感亦至是乎！即間有效工者，亦各出於心願，非有强也。所修正殿三楹，東西曹司二楹，暨馬房僧舍周門墻垣，一一增飾。五十年來之廟貌焕然一新。作始於二月辛丑，落成於四月癸酉。計其費不下五十余金，而嬸母略無難色，亦女中之君子也哉！聊鎸之石，匪直表神之靈，亦以爲好善者勸。

賜進士第通政大夫四川左布政使史文焕同功德主誥封母太夫人鄭氏，誥封妻夫人楊氏、王氏、常氏，男生員史必法，妻□□，史必傳，妻高氏，史必徵，妻栗氏。

石匠趙宿鎸。

大明天啓六年歲次丙寅孟夏朔越二日，元仇廩膳生員史萬選謹撰。

[illegible]渠記

今天子[illegible]心不惟餉是鉄耶餉[illegible]而軍饑軍饑而禍將中之九邊[illegible]惟是凛凛思餉之所從出[illegible]凛凛者田耶田

最苦非[illegible]槁槁者旱耶此天下所通患不獨三晉而三晉地瘠[illegible]多風高旱率十年中旱常八九常賦且不辦[illegible]之[illegible]

不穴[illegible]枯魚之肆耶[illegible]剥一事在四海為首務在三晉為急務以其封疆之[illegible]余性僻在水利[illegible]

[illegible]家世長安無泉可[illegible]雨時降必與群[illegible]塞溝瀆聚落雨滿天井閒別為溢[illegible]分之[illegible]田[illegible]則隨[illegible]

[illegible]及勸[illegible]經營頗有成就及備兵禹上為治[illegible]水[illegible]泉[illegible]陽[illegible]水鄠陵[illegible]灌田[illegible]守吏[illegible]

[illegible]村落[illegible]源可以引溉者如所[illegible]襄臺峙[illegible]際[illegible]三關[illegible]第疏濬約十年此道[illegible]不[illegible]漢而舉[illegible]

執耜者不少縣官租稅俯仰之計亦大饒裕軍[illegible]萬[illegible]騰民之八口果余即死目且瞑矣陽曲之[illegible]距邑三十餘里有

烈石口誌云寒泉[illegible]其清也與汾流[illegible]澤蘭諸村引以灌田[illegible]其利蘭村據上流[illegible]歲旱水不足以遍潤諸村輒

鼓鼓相[illegible]小民相友相助之誼反坐此而携初議改修之[illegible]蘭人[illegible]皇皇[illegible]余[illegible]為規畫許為勸諭[illegible]舊渠

[illegible]之使注水而下[illegible]最高又[illegible]渠之岸疏一渠溢[illegible]諸村之民乃忻然從事又[illegible]民[illegible]難於

慮始也謀之藩[illegible]者人[illegible]花材之[illegible]道經處鑿蘭村地三十四畝[illegible]相之此老[illegible]

餘[illegible]六石[illegible]余謝神祇[illegible]文[illegible]作者之不審於形勢也[illegible]老人[illegible]

[illegible]利乘懷陽[illegible]著成績是役凡兩閱月而告竣請之者[illegible]渠之民[illegible]其請而[illegible]者[illegible]也協其議者[illegible]

[illegible]要者[illegible]綜其事者宋陽曲也董率奔走其間者張縣丞劉[illegible]目營而手畫之者[illegible]時也而[illegible]

[illegible]晉之[illegible]村者蘭人[illegible]樂喜好義也然余[illegible]有進焉兩[illegible]三[illegible]動[illegible]秋[illegible]酒[illegible]失鄉[illegible]

為[illegible]民[illegible]之矣[illegible]不朽

[illegible]提督雁門[illegible]關[illegible]山西地方都察院右副都御史曹爾禎撰

天[illegible]丁卯[illegible]旦　通判張志懋　縣丞張璉

[illegible]陳[illegible]布[illegible]陽曲縣知縣朱[illegible]　典史戴正星

太原府知府[illegible]睿　[illegible]孟[illegible]祚　[illegible]薄[illegible]致思　[illegible]門[illegible]

233. 烈石渠記

立石年代：明天啓七年（1627 年）
原石尺寸：高 262 厘米，寬 86 厘米
石存地點：太原市尖草坪區竇大夫祠

烈石渠記

今天下大患，不惟餉是缺耶。餉缺而軍饑，軍饑而禍將中之九邊。余惟是凛凛，思餉之所從出，□此纍纍者田耶，田之□最苦非此槁槁者旱耶。此天下所通患，不獨三晋。而三晋地瘠山多、風高天冷，十年中旱常八九，常賦且不辦，益之遼餉，不索三晋于枯魚之肆耶？故水利一事在四海爲首務，在三晋爲急務，以其對症也。兼之余性僻在水利，年六七歲時□有意于此。家世長安無泉，可□□雨時降，必與群兒塞溝瀆，聚落雨滿天井間，别爲洫以分之，儼然井田家法。長則隨力所及，勸曉經營，頗有成就。及備兵禹上，爲治潁水、大吕煖泉、臨潁、□陽、汜水、鄢陵間，灌田無算。比入晋，檄監司守吏遍曉村落，度渠源可以引溉者，如忻、代、崞、襄、臺、峙之際，以及三關，概次第疏浚。約十年，此道大行，可使三晋不歌雲漢，而舉耨執耜者不少縣官租税。俯仰之計，亦大饒裕軍之萬竈。騰民之人口，果余即死，目且瞑矣。陽曲之西北，距邑三十餘里，有烈石口誌云“寒泉”者，状其清也，與汾流合澤，蘭諸村引以灌田，然未盡其利。蘭村據上流，每歲旱，水不足以遍潤，諸村輒數數相譁。小民相友、相助之誼反坐此，而携初議改修之。而蘭人懼失其利，皇皇弗安。余曲爲規畫，詳爲勸諭，保□舊渠深浚之，便注水而下。□□地最高，又從舊渠之岸疏一淺洫以供蘭人，諸村之民乃忻然從事。又恐小民憚於□資，難於慮始也，謀之藩臬監司守，若令□穀價三百金爲鳩工庀材之用。水道經處，鑿蘭村地三十四畝，官給價一百□十九□，餘□□□木石工價、祭謝神祇約用一百四十餘金。又慮作者之不審於形勢也，延河内老人侯應時相之。此老饒心計□水利，覃懷、陽翟俱著成績。是役凡兩閲月而告竣。請之者，横渠之民也；因其請而倡之者，余也；協其議者，□□諸公也；總其要者，郡守佐也；綜其事者，宋陽曲也；董率奔走其間者，張縣丞、劉巡檢也；目營而手畫之者，侯應時也；而揆其繇誠肯分潤以普之諸村者，蘭人之樂善好義也。然余更有進焉，爾民三時勤動，春秋修觴酒豆卤故事，以無失鄉社歡。余□爲吾民樂之矣，因記以垂不朽。

欽差提督雁門等關兼巡撫山西地方都察院右副都御史曹爾禎撰。

太原府知府丁啓睿，通判張志愨，同知吕希尚、陳康睿，推官孟國祚；陽曲縣知縣宋權、縣丞張璉、主簿蘇效思、典史戴正星；天門關巡檢劉□□。立石。

天□□□歲次丁卯孟夏吉旦。

234. 重修海瀆廟碑記

立石年代：明崇禎元年（1628 年）

原石尺寸：高 160 厘米，寬 74 厘米

石存地點：長治市武鄉縣南神山八角聖井

〔碑額〕：重修□□□□

重修海瀆廟碑記

嘗謂古人嚴祀之禮，不爲一己之私，而爲多民之□福也。民□其福，安可不敬畏奉承而報神乎？且變化不測謂之神，□雲致雨謂之神，轉禍爲福亦謂之神矣。其神之功盛矣哉！今武邑東南巽境之域，其間有神廟焉，曰“南山”，曰“海瀆”。斯神也，纍世施功德於民，水旱蟲災，祈禱無不應焉。歲次乙酉秋七月旱，邑宰大尹楊公諱均，因語同僚曰：“愆陽不雨，氓心惶惶，恐民阽於飢餒，少者□□□□□，老者近轉於溝壑。”遂感於衷，憂戚不已，於□□衣濯服致齋浴體，率官吏百姓獻於南山海瀆祠下，詛祝焚香，祈禱雨澤。感致神靈，電□□集，微霖顯降。不逾二日，甘霖□足，禾苗沛然而蘇，民人忻然大悦。是雨也，非大尹精誠所致，豈能□□？則大尹□□，□守有爲，民受其福，不爲一家之惠，實乃萬民之福也。大□□□廟之舊陋，神□崩摧，敬啓虔心，願施天禄，乃召耆民善士魏成甫、趙榮等□爲重修。總功之人，恭勵竭己，不逾月期，功成告畢，則廟貌藩然一新，則大尹奉神之心，□神之道，無不盡矣。神之所感於大尹者，無非爲斯民豐年多黍多稌，萬億及梯，□□□□□禄無疆矣。於是在城耆民同善士魏成甫、趙榮□因沾是神之惠，感大□錫民之福，咸進而謁於儒曰：“願請先生述記，□之諸石，以彰神明之顯靈。□大尹莅□□奇异之風，感神靈之效，豈不偉歟！”予不能辭，於□□爲之記。

（以下碑文漫漶不清，略而不録）

維大明永樂伍年歲次丁亥春三月乙卯二十四日戊寅立石；時崇禎元年六月吉旦，捌世孫把總官魏四端重立。

235-1. 重修八龍神龍天廟記（碑陽）

立石年代：明崇禎元年（1628 年）
原石尺寸：高 130 厘米，寬 64 厘米
石存地點：吕梁市離石區吴城鎮上三交村石槽溝龍王廟

〔碑額〕：龍王廟記

重修八龍神龍天廟記

天地大德以生，實寄其職於四時五行，而風雲電雨政，其司行之吏也。故神以龍稱，乃大造藉以霖雨，天下澤沛，萬物烝民蒙其庇覆，受夫膏澤，籌不思虔誠祝禱，□承祭祀者，兹庙之所繇遍建焉。州治東百里許來遠坊石曹村東山之嶺，舊有是廟，未審叙自何時。本境雨暘時若，民間病疾、灾疫，禱無不應；四方時灾旱，來斯傾誠請神往祈，柳靡不鑒，誠而應以惠澤。但歷年多而廟其傾圮，棟宇凋殘，上不足爲神之依，下無以作民之觀。本村賢士糾首等相衆謀爲鼎新，胥各輸己資，募化善緣，擇匠鳩工，共襄聖事。而□葺之工起是歲之秋，数越月而遂告厥成。庙乃古迹并峙各三間，左中正尊一佛二菩薩，并列八龍神聖，右中龍天賢聖。庙貌巍然，聖像赫奕，可垂永久，誠萬古盛勝既也。□而衆希記于余，愕然欽吾神，遂不□理，與之鎸石，竪于庙下祀奠之别所云。

永寧郡儒學廪生馮仁民齋沐謹識。

僧正司雲岩寺僧通福，法孫真亮。本村住持僧湛有。

慶成府宗室新難、新坻。

本村糾首：于林、温友保、楊正、雲節、任志禄、張旺、于世威、賀忠。

本村施錢人：温友德、張全、賀明、楊思利、温法林、温清威、張詳、郭渭、武云、賀守、温友成、張□、王禄、穆□科、温友丹、張進福、于有智、任中、武明、謝仁、郭元□、文□□、蘇孟利、葉林、郭進忠、刘泉、王福、范香、温友正、孙應成。

杜科村施銀三分。

樹波青羊樹一□，井則平木同樹二□，□次溝柳樹一□。

木匠任萬庫，瓦匠王法支，交城縣泥匠温奉明，土工李萬春，盂門北石匠刘一貫、刘一□刻。

時崇禎元年歲次戊辰冬十一月甲子吉旦。

235-2. 重修八龍神龍天廟記（碑陰）

立石年代：明崇禎元年（1628 年）

原石尺寸：高 130 厘米，寬 64 厘米

石存地點：吕梁市離石區吴城鎮上三交村石槽溝龍王廟

〔碑額〕：碑陰

各姓施錢人：

玉汲西里黑暗村施錢人：郭行、郭忠、□正、双海、程臣成、郭大福、郭孝、郭志、郭意、郭賢、郭艾、李朝後、任槐真、任思虎、任槐安、李甫、任思學、李孝、任思意、賀喜、柴賢、徐云、郭應正、任大成、王云貴、任一奉、劉大威、邢友文、邢友思、邢安會、柴科、杜云福、郭進孝、郭旺、田大才、郭万科、柴公禄、郭念、崔友、郭汝現、郭琰、程臣正、程臣宰、郭成、張自友、張宦、李臣务、郭選、田朝忠、李法、李臣云、郭耐、田代、周苗、郭汝周、郭万登、王成、郭六泉、柴登、車忠、李臣林、双滿，共施雜粟平斗六石。

汾陽縣西黑里西莊村布施銀一兩叁錢。上分村路則十石一錢，賀成。南家溝段法、□則十五石，謹三乾［錢］。郭邦利、李黍明、楊高、張奈。

宋家里向陽村施錢人：郭正、王好賢、王智賢、郭文臣、武懷長、郭天恩、武天支、郝仲巽、任啓忠、孟一貫、武大光、武大威、張士節、王宗孔、王秉喜、雷經、司國俊、武得成、冀旺、武懷鋪、馮元喜、郝万明、張禄、尚廷周、韓奉志、郭元禄、王明臯、張□全、馬大成、武大秉、張時孝、武大成、韓奉云、郭朝浪、雷國順、馬大元、田計志、王時羽、馬明剛、李養只、薛明。榮安里向信。

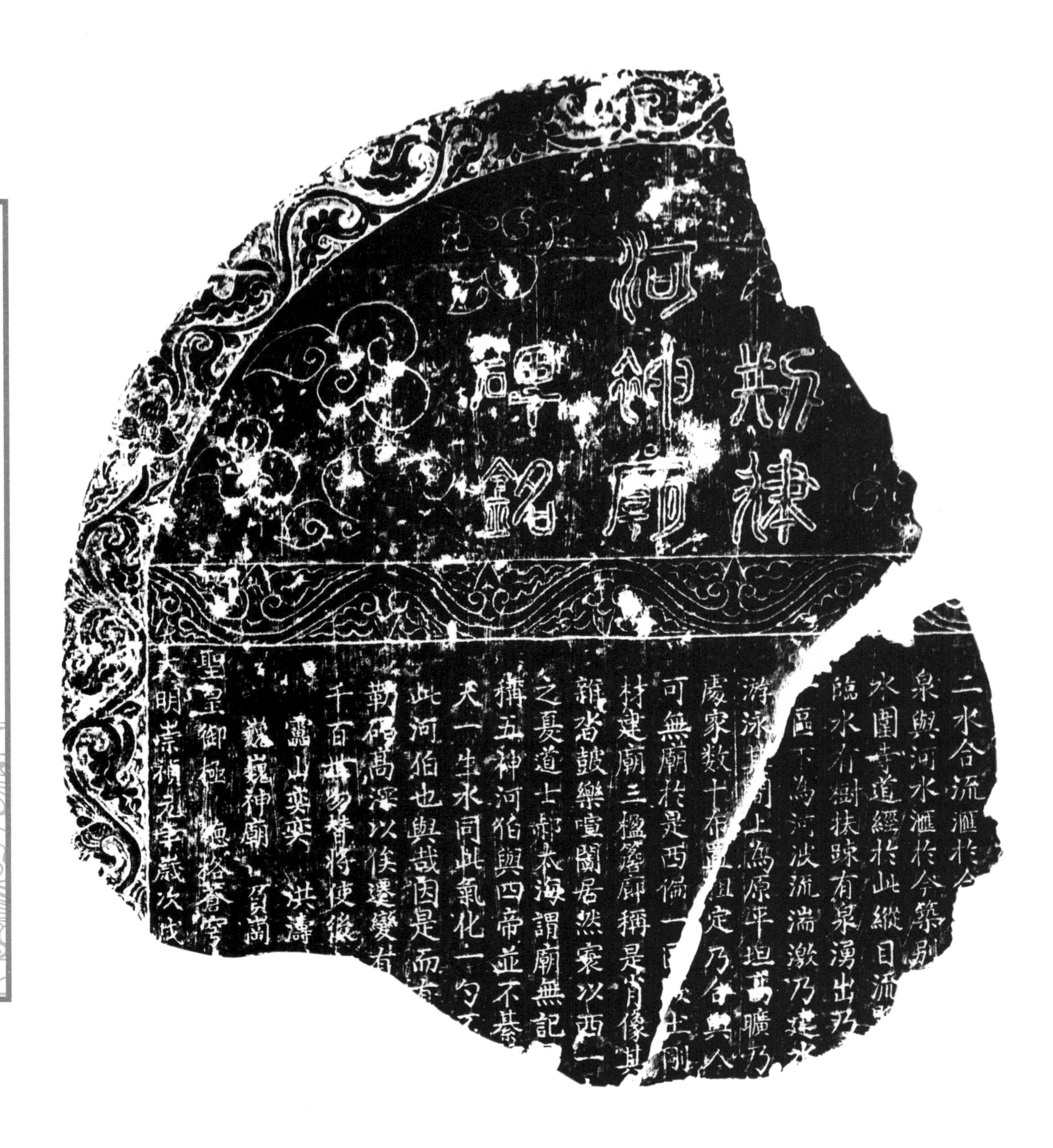
二水合流滙於今
泉與河水滙於今築別
水圍寺道經於此縱目流
臨水有樹扶疎有泉湧出乃
區下為河波流湍激乃建水
游泳其間上為原平坦高曠乃
處家數十有址定乃合興人
可無廟於是西偏一區
材建廟三楹篆廟稱是肖像其
雜沓鼓樂喧闐居然衰以西一
之夏道士郝太海謂廟無記
稱五神河伯與四帝並不恭
天一生水同此氣化一勺
此河伯也與哉因是而有
羁砥高深以俟遷變有
千百世易替將使後
靈山奕奕　洪濤
巍巍神廟　頁崗
聖皇御極　德格蒼穹
大明崇禎元年歲次戊

236. 創建河神廟碑銘

立石年代：明崇禎元年（1628 年）
原石尺寸：高 60 厘米，寬 52 厘米
石存地點：朔州市朔城區崇福寺文管所

〔碑額〕：創建河神廟碑銘

……二水合流，匯於……泉與河水匯於今築別……水圍寺道經於此。縱目流……臨水有樹，扶疏有泉，涌出乃……一區。下爲河，波流湍激，乃建水……游泳其間，上爲原，平坦高曠，乃……處家数十，布置粗定，乃合與人……可無廟，於是西偏一區，□土剛……材，建廟三楹，檐廊稱是，肖像其……雜沓，鼓樂喧闐。居然寰以西一……之夏，道士郝太海謂，廟無記……稱五神，河伯與四帝并不蓁……天一生水，同此氣化一勺……此河伯也與哉！因是而有……勒碣高深，以俟遷變。有……千百世勿替，将使後……雷山奕奕，洪濤……巍巍神廟，負崗……聖皇御極，德格蒼穹……

大明崇禎元年歲次戊……

237. 重修龍王廟碑記

立石年代：明崇禎二年（1629 年）
原石尺寸：高 115 厘米，寬 60 厘米
石存地點：陽泉市盂縣萇池鎮萇池村龍王廟

〔碑額〕：題名碑記

重修龍王廟碑記

盂治北萇池村艮震隅有麓焉，景致立圓，風况寂寞，可爲祀神所。往哲構龍神廟三楹於上，衆遂號其地曰“雷神腦”。迨後歲時浸久，廟社荆棘，所遺者松柏数株耳。其神威靈顕赫，有禱輒應。傳云：鄉民一人者，竊取樹枝，即時就斃，目吐神毀。鄉衆感而復立小廟一楹，然規模湫隘，屋不旋几。戊辰歲，逯公守官、尹公起莘、陳公守志、二侯公志顯、三聘愀然曰：“此古剎也，其廢可興，其隘不可廣歟？”爰始糾衆化工，沿門化財。諸凡給水供餐、取瓦運木，靡不辛苦底成。不逾歲，建廟三楹，塑像金妝，繪畫兩壁，不讓肇造日矣。其可栖神靈，便祈報，不綽有餘地耶？至於風雲雷雨，應期而降福，一方沾萬祀，可知不負此舉矣！工竣勒石，余故以始末劳資壽若翁之績云。

盂邑廩膳生員尹樂舜熏沐撰，男生員尹阿衡肅穆丹書。

陜西鞏昌府同知張綰□銀三錢。

糾首：逯守官、尹起莘、侯志□、陳守志、侯三聘、生員張□、鄭必昌、韓三晋、尹樂堯、尹樂舜、侯准、張德貴各施銀壹錢。張綰施銀三錢。張芝施銀伍分。尹輔湯、李進、尹如玉、尹加璋、李景和、侯三現、李景顔、尹湯選、張恕、李根、張□熊、趙一虎、趙天順、栗九亮、韓新變、肖登第、尹説湯、肖登偉、李元□、尹就湯、尹湯、尹士俊、尹□命、侯三陽、張夢周、侯寅、李元德、王如川、逯遜、李增、粟九軒、張守瑞、張芥蒙、韓世寬、李植、侯篆、尹才發、生員尹遇湯、尹阿衡、尹保衡、尹先正、尹台衡、尹正衡、侯定乾、逯尚文、侯三應、侯三明、李全、李忠、侯令、王興、張□罷、張九月、李守分、侯三移、侯光輝、李守德、李守志、侯紳、逯登山、逯登泉、聶□同、李禄、侯光召、粟九德、張九春、尹信、劉登□、李實、尹湯亮、胡鳳□、胡鳳來、尹湯名、王如山、孫要、孫□、逯登科、韓晃、王愈、尹崇正、孫□如、田際明、田化民、李枝、侯四如、張九林、張雲、王宦林、蘇一化、張來禄、張忠、陳應賢、張虎、侯三光各三分。

施椽棧工人：史崇雲、史崇雨、史崇玘。木匠李時惠、李時寛。鐵匠石天習。□匠朱彪。石匠：趙萬、孫玉。

龍飛崇禎貳年歲次己巳閏四月己巳初乙日丙辰朔上浣之吉日。

碑記
重修五龍廟記

238. 重修五龍廟記

立石年代：明崇禎二年（1629 年）
原石尺寸：高 110 厘米，寬 60 厘米
石存地點：太原市古交市屯蘭街道鹿莊村東

〔碑額〕：碑記

重修五龍廟記

嘗觀造化之生成萬物也，日以晅之，雷以震之，風以散之，雨以潤之。而萬物之戴□，歸功造化，殊不知疇司風雨，孰施沾濡。獨先世之哲人，明乎霖雨之權，實有龍神專焉。于是擇地於鹿庄村南兩泉溝下，創一區宇，名曰五龍廟，立爲祭賀□□。神之灵感，有祝即應，不啻一方之人俱蒙默佑之恩，即遠而百里千里之外□□□捷于影響。乃村主趙廉，每感威灵，來格來享，見廟宇傾頹，聖像凋殘；有□□□□者，法悟三千，行遵五戒，上可假廟，下可動人。飛錫至斯，募化十方，重修像□□□□，未月而成。切念劳心之苦與資財之德，勘爲并著。欲垂功于不朽，須立石以□□□。

儒學生員趙之屏撰，性福書。

鹿庄村施地主開列于后：趙廉施李家茔地一垧，趙葉龍王坡地一垧，趙之屏山牛山地一垧，趙之林李家茔地一垧，武天各田家□□地一垧，趙汝枝蘇家山地一垧，劉官箱子峁地一垧，趙庄長子烟地一垧，郝崗园子溝地一垧，郝大義南里頭地一垧，郝晏榆條脚地一垧，郝展東烟□地一垧，郝大洪园子坡地一垧，郝懷園子坡上边一垧。

修造都功德主：趙連，妻游氏，男趙之間、赵之胥、女金花兒……在城生員魏良才，在城市東厢韓加美、韓……趙晏施悬羊脚下边……功德主：趙夆、馬氏，男……

本廟住持僧人明演，親教定講師第明法……寺上拼李家茔地三垧，桃园坡。

陽曲縣西名都玉工王油，男王……

崇禎歲次己巳孟秋月吉旦立。

239. 重修聖母龍天二廟碑記

立石年代：明崇禎三年（1630 年）

原石尺寸：高 140 厘米，寬 67 厘米

石存地點：太原市婁煩縣天池店鄉河北村娘娘廟

〔碑額〕：皇圖永固

重修聖母龍天二廟碑記

《易》曰：大哉乾元，萬資始至哉。坤元，萬物資生。天地者，萬物之父母也。然萬物之中人最靈，故沾雨露則思昊天罔極之深恩，依雲日則荷覆載生成之大德。不曰乾父坤母，則曰父天母地，則思其形氣之所自始耳。想天位乎上，地位乎下，其形若有所分。然上行者下濟，下行者上孚，其用实相成。故有大哉之乾元，則必有至哉之坤元以配之。苟資生之義不顯，則資始之化亦虛，此吾所以履厚土而戴龍天也。天城河北村神堂嶺，先有龍天廟一所，褚洋等□心創建。其風雨飄零，垣墉傾頹，不能保其不壞也。萬曆二十二年，本村功德主蘇應□、蘇應格等，僧人昌寬，募化十方，并修二廟，焕然一新。且太和保合，各正性命，食□□天之□和，故普含弘廣大品物，咸亨飲地之德無窮。有龍天者，不可無厚土，□□創建奶奶廟。俾每年三月十八日，報賽與總以伸無涯之孝思，答報資始資生之□□云尔。迨至天啓七年，基址棘榛，神像剥落。本村善士蘇應格、蘇應珩、褚國聘、郭方、褚國仕等，住持僧如科，繼先人之志，慨然有起敝維新之想，殷然有補未備之思，遂率衆共議，咸欲重新廟宇，起盖樂楼。第恐工費浩大，獨力难成，議事模棱首鼠之態。孰知人心肯爲，天意攸從，遂傳靈一，募緣者遠近誘化，輸負雲仍。不一載，楼殿告成。籍［藉］非天地之靈，人力不至于此，而資始資生之義不愈著乎？故糾工立石，以誌不朽，意繼此而重修者，又在后之后人之昌傳。

生员蘇繼龍撰，男廩膳蘇萬芳、蘇二芳、蘇三芳、蘇四芳。

僧人如貴書。

創修龍天庙僧人遠祐，添修娘娘庙僧人昌寬，重修二庙僧人如科。

石匠蔚應秋，男蔚□。畫匠刘元、刘會、閆海。木匠文尚雲、温明開。泥匠文秋。

時崇禎三年五月吉日立石。

施粮碑記　在城[illegible]李春龍書記

七郎者[illegible]是聖人也自從盤古初分天地混沌未分以前修仙慕道神通廣大法[illegible]
[illegible]邊投於仙洞歸化顯聖靈感亘古至今祈禱之塢俱賴天高杭雨各處鄉民
請神取水普降霖霖滋潤五穀清苗气救離民之苦週濟萬物生芽禽獸大憲靈感
今交城縣河北都西仙洞三教寺今有前[illegible][illegible]山[illegible]僧開坎砌壘成地洪武起至粮
無井合萬曆九年丈地施粮壹石柒斗有墨[illegible]係山崖坡渠地陡塌毀漂溝依旧還
林落於數畝成熟衆僧無守各散皆散正留[illegible]真滿看守寺洞連年遭[illegible]地去粮
存無力承種今有本都喩景清閆進通貫嘆不[illegible]持僧難存議會糾首曹希盛馬進
會曹希明專化縣都人等自己情願認種井合不等永遠之貧碑記存照者矣
神靈擁護保是安寧東有聖境曰
范名六郎封護國玄靈真君　西有聖境曰
張名七郎封鎮國至聖真君　中有聖境曰　封李進君師三位真仙同遊此境　龍神交會
降龍伏虎燒丹煉藥点鉄成金通天達地保一方風調雨順護天下國泰民安　讚善言哉
都功德主陰[illegible]詞　功德主希礼　功德主陰伯倫　書手趙希真　壽聖寺僧立清　演從　金昌鎮
都功德主陰景清　德邢正　德秀峯　里長刘進友　興福寺僧宗[illegible]永
功德主李欽　主邢[illegible]　主曹希林　老人刘進貴　吉祥寺僧普真
功德主張喜　武時[illegible]　[illegible]陰伯真　陰陽[illegible]世[illegible]　東[illegible]寺僧覺龍性　道娃　禄
晉國寧河王府奉國將軍[illegible]姜首陰[illegible]孝　龍泉寺僧正佑　西仙洞住持真滿　門徒文如　興[illegible]
吉
大明崇禎三年歲次庚午秋九月甲申日吉時立　本都石匠閆帝第閆亭鐫

240. 施糧碑記

立石年代：明崇禎三年（1630 年）
原石尺寸：高 120 厘米，寬 58 厘米
石存地點：太原市古交市閣上鄉西仙洞

〔碑額〕：碑記

施粮碑記

七郎者，乃是聖人也。自從盤古初分天地，混沌未分以前，修仙募道，神通廣大，法力無邊。投於仙洞，歸化顯聖，靈感亙古至今，祈□□禱之場俱預。天高杭雨，各處鄉民請神取水，普降甘霖，滋潤五穀清苗，乞救離民之苦；周濟萬物生芽，覺聖大憲靈感。今交城縣河北都西仙洞三教寺，今有前面荒山，衆僧開坎砌壘成地，洪武起至，粮無升合。萬曆九年丈地，徵粮壹石柒斗有零。委係山岨坡渠地陡，塌毁漂溝，依旧還林，落於数畝成熟。衆僧無守，各逃皆散，止留一僧真滿看守寺洞。連年遭慌，地去粮存，無力承種。今有本都陰景清、閆進通贊嘆不已，持僧難存，議會糺首曹希盛、馬進倉、曹希明，專化概都人等，自己情願認粮升合不等，求遠之資碑記，存照者矣。神靈擁護，保見安寧。東有聖境曰范名六郎，封護國玄靈真君；西有聖境曰張名七郎，封鎮國至聖真君；中有聖境曰封李進君師。三位真仙同游此境，龍神交會，降龍伏虎，燒丹煉藥，點鐵成金，通天達地，保一方風調雨順，護天下國泰民安。贊言善哉！

在城生員劉養德、劉養性，監生劉紳，生員劉縉、李春龍書記。

都功德主陰調，都功德主陰景清。功德主李鈔，功德主張喜，功德主弓希礼、邢正□、邢□、武□□，功德主陰伯倫、房夆、曹希林。

糾首陰伯真、陰幸。書手趙希真，里長刘進文，老人刘進貴，陰陽張世雄。晋國寧河王府奉國將軍新芸。

壽聖寺僧立清、演從。興福寺僧宗英、宗□、永金、永昌、永銀。吉祥寺僧普深、普亮。東仙洞僧覺龍、性通，侄禄。龍泉寺僧正佑。西仙洞住持真滿，門徒如興、如□、如保，徒孫性學、性雲、性紀。

本都石匠閆甫，弟閆亭鐫。

時大明崇禎三年歲次庚午秋九月甲申日吉時立。

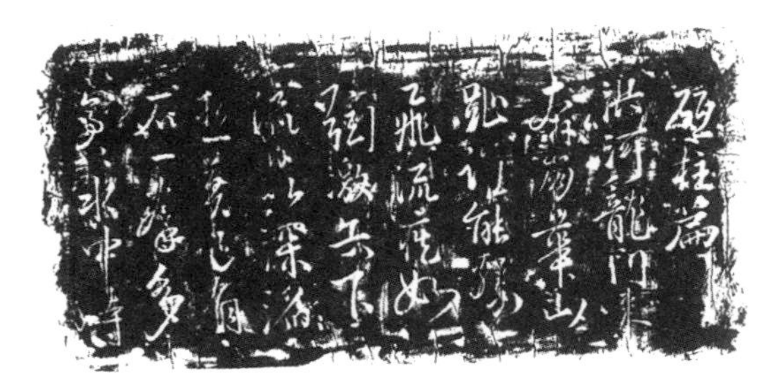

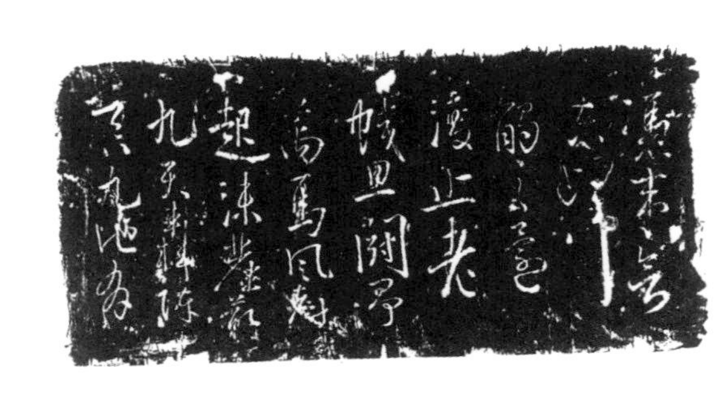

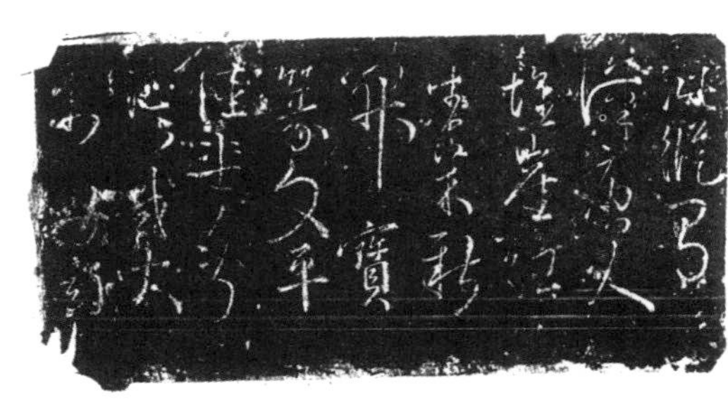

241. 砥柱篇刻石

立石年代：明崇禎四年（1631 年）

原石尺寸：均高 35 厘米，六方寬 71 厘米，一方寬 35 厘米

石存地點：運城市平陸縣三門禹廟

洪河龍門來，奔崩華山趾。誰能系飛流，疾如弦激矢。
下流日以深，滔滔想莫已。有石一拳多，亭亭水中峙。
憑來欲東歸，觸之還復止。老蛟鬥且争，萬馬風聲起。
沫塵散九天，轟陳吞九地。有石屹不驚，日夜焉能砥。
黿鼉怯盡逃，行來波臣禮。俯首落日前，受約三門底。
三門阿誰名，名之神人鬼。後人總傷魂，來往稀一葦。
莫謂架山梁，五丁額亦泚。縱有漢唐人，堆崖紅生米。
新開寶篆文，平陸黄炎址。四載大禹勤，元圭端在此。
踏足望樓頭，歷歷見星嵬。一壁四削成，的的芙蓉蕊。
風摇草青青，千年絶人履。傳聞周老聃，曾煉藥不死。
人從函谷游，剩有丹灶壘。

龍王聖廟

242. 龍王廟重修記

立石年代：明崇禎四年（1631 年）

原石尺寸：高 110 厘米，寬 60 厘米

石存地點：長治市襄垣縣善福鎮石峪村

〔碑額〕：龍王聖廟

重修記

帝王敕贈護國昭澤龍王，尊神靈威，出處晋地潞州襄邑壁底里，龍母楊氏。王七月初五日延寿啓聖，現七十二件大功，記在本縣南門道東龍洞神廟内。西邊碑文記其神威靈萬方。有石谷里本村鄉民趙思節、牛光春等於萬曆乙巳年，用工立盖神廟大殿三間，内修神相。功未完結，年深風雨侵壞。累乎崇禎二年，有本村大乘正教會贊牛還等忽然而嘆曰：“從立廟，神祐護一方。家家净樂，户户康寧，四季降風調雨順，年年五穀豐登，萬物皆潤，無不應之。處世人知有恩不報，非君也。况受神恩，其境神聖一殿，先人未結，今人安何哉？”還一日人會，傾心而論曰衆公。答曰：何議乎？身夆一念，啓功修理神祠。奈會獨力难成。本會鞠躬俯伏，思想動衆，協力合出資物，誠心動工。復盖香亭三間，明柱皆全，磚補滿地，整飭從新，造功□結。夆念神□例，年年鬻賽，月月供饌。人有一念敬神，威靈万物淤人，永護祥瑞。外侮不入，内惡不生，感濟福□，降胤康寧，生於增寿，終無禍端。一方民而樂，神祐淤人，非衆乞乎哉！

襄城東厢坊鄉民受大乘正教會末李可宗拙題。

萬曆乙巳年修盖大廟功德施主趙思節、牛光春、趙思明、張九科、牛伯林等仝立。

崇禎四年三月初三日碑文記功德施主牛貴、牛富、張金全、牛時春、栗應其、李登林、張隆滿、牛見春、牛昱仕、牛耕進、牛惟言、牛還等同立。

木匠：杜進才、侯應全。石匠：張尚志、武國全。

243. 水利碑記

立石年代：明崇禎五年（1632 年）
原石尺寸：高 70 厘米，寬 56 厘米
石存地點：臨汾市堯都區金殿鎮小榆村

〔碑額〕：水利碑記

臨汾縣爲急救民命事：據小榆西里渠長關禦暴、梁如松等告前事冤，称小榆平地居下，辛家庄平地在上，地脉相連，通同一□。舊有陡口傾水灌溉，兩村始開渠道，竭力興夫，可謂鄉田同□，患難相扶，從古至今，盖有年矣。小榆地在下流，每遇雷水，遭上要截。小榆人等廢金百余，在于原汧之下另開小渠，澆灌地畝，乃被豪恶高如梅、高進元、訟師辛一貫、辛自講等，治水衝毁。小渠無存，欲修不能復成，致令國課無出，民命無賴。恩蒙本縣正堂周老爺，視民瘼猶己瘼，聞言惨心，批送粮廳。李爺不憚馳驅，親詣汧口，驗得梅等衝毁要截情真，罪當詳申。正堂斧劈梅等，杖懲倉禁，斷令小榆平地從原汧順水陡口枝分澆灌，仍給印信合同，渠爲各執爲照。兩村一汧，興夫使水，辛家庄不得獨沾其潤，小榆可令同蒙其澤，別里勢豪不許插越，霸使水利，是以開汧之始，興夫與不興夫論耳。如違約束，紊亂渠規，枷示汧口，以法究治。□碑縣前，永遠遵依，以杜後争，須至遺碑。

原告：關御暴、梁如松。中人：關良民、關朝用、關澤民。被告：高如梅、高文科、辛自畛、高進元、辛一貫、辛自講、高時茂、高進學、趙□□。

崇禎五年正月吉日。

244. 重修九天聖母祠記

立石年代：明崇禎五年（1632年）
原石尺寸：高180厘米，寬65厘米
石存地點：長治市平順縣北社鄉東河村九天聖母廟

重修九天聖母祠記

祠制居邑之乾方，其肇建之時不知出於何代。考之琬琰，歷唐而宋，皆重修焉。迄我明嘉靖二十三年甲辰，里人陳宿氏、王倉氏輩，時祀間仰瞻祠宇傾圮，各捐己資，會衆復爲一新，弗果。宿之男長陳孝、次陳第者，毅然繼乃父志，越明年乙巳起工。其新建者，則祠制之南北角九□、東北角八楹；其重修者，則正殿三楹、后土殿三楹、李靖王殿三楹、西亭殿三楹、東南角一十四楹、西南角一十一楹，中各附以原像。至於三門則甃以磚，而凡垣皆磚焉；舞樓則柱以石，而凡基皆石焉。用過匠之工價，役之口糧，需之物料，錢則三百九十千有奇，米則一千石□奇，穀則五百石有奇。貨則襪帽，畜則牛羊，悉有成數。此雖出於衆之所施，皆□輩所督者而□之，常得貴氏、牛乾氏、王虎山氏輩亦與有力焉。至嘉靖三十七年戊午工方告竣。屬珩志其歲月。珩嘗禮於其祠，因觀其地，中延一麓，旁夾兩河，環抱九峰。珩乃喟然嘆曰：“有是哉，形之勝也！而神之祠居焉，其地靈顧，俾之神靈乎！”此非珩億説竊見，鄰里有六海，春祈則雨暘時若，年穀用登，與凡患難疾苦，隨感隨應。而潞郡之遠方設有亢陽，神主則雨於乎？神而有德於人盛矣，而人之崇祀豈出之强勉乎？神至於今乃一新之會也，其德乎？人方隆未艾，珩復囑其里人，勿墮歲祀，以終千萬世定保之補云。

嘉靖四十一年壬戌秋八月下吉邑人柏山石珩撰并書篆，本里陳希顔書。

（以下碑文漫漶，略而不録）

……王代官、王弘道……張云沃同諫。

三池南里南舍村石匠原太刊。

崇禎五年十一月。

明（二）

245. 大旱作霖碑叙

立石年代：明崇禎六年（1633年）
原石尺寸：高153厘米，寬83厘米
石存地點：陽泉市盂縣萇池鎮藏山祠

大旱作霖碑叙

□□自分耿介，不善逢時，因叨薄秩，主晋陽簿。

今年正月，承上命署盂事，入境即有□□之儆，日夜遑遑，爲防守計而支軍糧餉，從無寧晷。不意大兵之後繼……亢陽不雨，三時幾於失望。余與司訓李公諱春荣暨守備田諱逢薦、典史趙諱國望者，俱有軫恤盂民……寧，每□沐上禱。間因公署之暇，□展讀《書經·説命》篇，有“若歲大旱，用女作霖雨”之句，遂掩卷長嘆曰：“□□□□之□□□大焉，作霖雨以救此一方民者乎！”至次日謁壇上香。至壇所，適有□□□廉之鄭氏諱□，字從仁……自禱自□以親步藏山大王神所拜水。余聞之，不勝欣然，道欲同往。獨惜以……印官無事不許山城之□不果。因步遷郊外，仍諭守□□、典史趙一□□□□月之十三日□□□方□□□，□□□來報得神□□説。余且信且疑，謂：“久旱之際而乃感應如此之□乎？”□□日寅時……紳士庶……漓，自晨及午，是日田間尚未贍足，而荒旱忽雨……余……遂舉手加額，爲壽庵公稱贊曰：“當此大旱而禱雨，速應如公，今日霖雨其即异且□霖□□□！”……勒于石，垂之不朽矣。□□□再贅作。因余前讀大旱作霖之句，獲應在公，而公□以大旱作霖□匾□□□□□□大旱作霖碑叙，俾後有祈禱雨澤者，過神所而贊曰：是爲大旱作霖碑。

署盂縣事金明李儲精撰文，儒學訓導吉州李春榮篆額。

防□守□關中田逢薦，典史宣城趙國望，鎮守守備王報國、張鐘，時因豎碑寇亂，獲送軍丁李九官。新任知縣馮道亨，生員劉梓、李芳蓁、高薦賢、郗俊秀、李養通、李相如、李肯堂、張昌祚、劉民貴、鄭維明、尹如生、喬倫。

石匠孫養相、李天明。住持道士劉全維、翟真神。

時崇禎六年歲在癸酉仲夏吉日。

甘霖應禱

246. 甘霖應禱碑記

立石年代：明崇禎八年（1635年）
原石尺寸：高100厘米，寬58厘米
石存地點：陽泉市盂縣南婁鎮西小坪村諸龍廟

〔碑額〕：甘霖應禱

甘霖應禱碑記

余曾因久旱而步禱于□藏山，霖雨之應□。在當日，邑中父母士民爲余勒石於山壁。余亦有霖雨兩記附於石後矣。□盂治之西龍泉山有諸龍神，威靈應感，未□一履其地而拜謁焉。今年二□大旱，余未敢寧居，矢誠上禱，於二月二十七日齋居別室。三月初一日，逆詣□所請神。是□，偕南關庠友，同至廟前，見廟貌森嚴，龍泉溶涌，徹底澄清，真若□□肺腑，不可逼視。而奇松峻殿，□□松蔚，霞□雲蒸，又若授人眉宇不可攀□。因虔誠焚拜，見香鼎有卦，祝神求□報。卦至地，啓視其文，爲清風細雨。四□□日方痕，天猶晴朗無雲也。余心竊之，謂久旱之際，焉得逑有清風細雨之□應乎？隨拜謝回。繇慈氏山白龍廟，過白水村大王廟，請衆神。輴甫□壇□□，忽有清風細雨揮洒於申未之交。邑中人士莫不且驚且喜，謂余於□□□□中，共曾默相訂約者□□□，大旱之時，雨何以有禱必應，若斯之捷乎？不知□□是神靈感之故。爰爲小記，以誌神功。

……嘉□孝廉邑人……

同禱庠生：李春□、李□□、李相如、楊應□。

（以下工匠等姓名漫漶不清，略而不録）

刻石在崇禎乙亥歲之端。

247. 靈雨再記

立石年代：明崇禎八年（1635年）
原石尺寸：高190厘米，寬97厘米
石存地點：陽泉市盂縣萇池鎮藏山祠

〔碑額〕：靈雨再記

崇禎癸酉歲之五月，因久旱禱雨捷應，余曾有《靈雨記》竪於山壁。今年三春大旱，又禱神靈，應感亦如六年之捷也。時同余步禱山中，有邑庠生李素、李春熙、閆宗聖、李蔚如、李始貢、楊應辰、李成□、李允慎暨余弟鄭彤等十數人，咸驚相謂曰："明神有感，速應如此，是不可無記。"而其中楊生應辰慨然□□□食，糾工立石，囑余爲記。余猶憶，逞歲中秋大雨，時兒童爲之謡曰："八月十五雲遮月，準備來年雪打燈。"余亦私心致祝曰："元宵有雪，春澤厚矣；一年豐稔，其可冀乎？"逮九月重陽不雨，三冬不雪，至今年元宵而打燈之兆又不應。二月不雨，□四野農夫無不□亂遑遑，虞無生路。余每時抱杞憂，謂當兵荒之際，又遭大旱，東作無基，天心其未厭亂乎！爰卜於是月二十七日，齋居别室。二十九日糾集本關士民，矢忱祈禱，日晚宿壇關帝廟。初一日同庠生李□吕、李相如共詣諸龍泉諸神。是日巳時，拜禱於諸龍神，以□祝神，投□於地，即□清風細雨報。時□□晴朗無雲也，時方及未，即有清風細雨之應。初三日，逞藏山大王神所拜□□人山，大雨如澍，其風□處皆成冰雪，随冒雨入洞，虔誠□香，甫畢一炷，即有神水滴至瓶中有聲，遂拜謝。步回□寺底，庠生梁鴻岐暨鄉民李虎等以香火道供。過萇池而村中鄉老以鼓吹旗傘香紙迎送。日暮底［抵］城武，請神水宿大覺寺，時村中之好善者□□載道，李兆昌、生員李昌運等数十人皆以香火迎接，各致殷勤雅意。是日自午及酉，雪雨淋漓，農夫野叟無不歡慶。次日，邑補父母梁諱光胤催督執事人等暨城關士庶出郊迎水，咸舉手謂余曰："公拜禱三日而霖雨捷□，□若公曾請命于上天，而上天亦曾授公以明命者。"然不知實天佑我民，及本關士民共矢寅心，竭誠上禱之故。初六日舉賀雨事，爲衆神挂袍。初七日送神回廟。時本關府庠生李復亨、邑庠生李馨春、李春□、□□元、□□、楊應泰、李冕、李勣、監生柳鎔、典膳楊一魁、武生徐來聘、鄉民李長春、楊一安等，以值日总理從事□□□世□数人，亦皆各效微忱，故得并勒於石。因六年有《靈雨記》，爰復爲之題曰《靈雨再記》。

撫按題旌名孝廉邑人壽庵鄭□謹記。

時同步拜水庠生十餘人，因兩年禱雨捷應，随各附次韵一律：

摳衣山徑達龍宫，遠盡層巒第幾巙。
洞里有龍如現象，壁端□□杳难通。
叠消三旱□□静，重蘇萬國此瓶中。
且喜盤旋終数里，淙淙霖雨洒東風。

李素

祝融飛雲幾時寧，雲漢流光映□屏。
百里山川成滌滌，千家禾黍失青心。
單看赤地悲田叟，兩步蒼巒謁洞靈。

忽尔霧霪隨燕□，羡君重建子瞻亭。
李春熙
鮮愠久盱千里目，爲霖始見百年心。
多應天慶人還在，而今猶頌緑衣身。
密密焚修頃刻中，寧期響應奏神功。
雲驅□騎千山合，雨挽銀河數□窮。
風吹細草珠争脱，石砌含沾此玉□。
莫道人爲無感召，□誠未可致豐隆。
李始賁
好雨三朝足，龍音自碧霞。
無私通造化，爻筮自無差。
李□吕
去年禱雨日，今年亦似前。
蛇醫如有約，隨至雨涓涓。
李相如
旱魃飛來萬姓憂，隨車安得□山流。
自是寸心□□澤，霧沾不在碧雲頭。
楊應辰
俯首謁洞靈，白雲飛如駛。
□□作甘霖，民安公亦喜。
李□□
龍宫何處來，無乃自天上。
□□□旱時，那得甘霖降。
李蔚如
桑條無葉土生烟，步效成湯祝廟前。
若非平格□閑日，□□臨時動九天。
□□清
鄭宅家人高登亮，石匠孫養林、孫玉、趙萬。
時八年之四月一日也。

《靈雨再記》拓片局部

皇帝萬歲

248. 重修龍天廟碑記

立石年代：明崇禎九年（1636 年）
原石尺寸：高 159 厘米，寬 71 厘米
石存地點：吕梁市汾陽市三泉鎮張多村

〔碑額〕：皇帝萬歲

重修龍天廟碑記

廟宇之設，見棟宇峻起，檐阿翬飛者，不知有幾；見丘墟歧立，僻境處造者，不知有幾。無非昭□壇，妥神侑也。雖□良繇居，民之蕃衍，成神祠之奇偉。玆張多村有龍天廟，託予寫文。予考斯廟，創於興定二年，竪於大元八年，置設三楹。其來已歷兩朝，其神愈靈千載。安民于衽席，震業不興，裕民於含哺。旱魃不侵，合一方之耆稚，無不應時□供者矣。是斯廟也，庇斯民也，登修之記，永永不替矣。泛時正統六年春月，開擴基址，改三設□崇五殿，丹雘碧落，因朴素而耀金，璀其門窑五券，特其餘者也。曩見神祇申命，禾黍屢歲而竪好，菽麦叠眖而穎栗，一切□揑不生，流寇不侵。出入作息之間，□呵護無不周徧［遍］矣。鄉耆惠尚民、李繼唐等，習受厥寧，鳩工修葺，捐資成績，種種可據者也。□想是神司雨暘，而因時澤潤，保稼穡而乘地箱倉。沾枯蘇困，沐艾霖薪，稂秀豐草，悉寫□□，螟螣蟊賊，咸秉炎火，則翼翼與與，盈止寧止，三登是慶者矣。乃有瞻蒲□□，恬然時若，□□利利，宛然含飴。今日之眖，尤倍古昔，祀神厚者，其錫必周，祀神時者，其安必永。是表神□之無疆，又祈熙穰穰無既也。其兩廊之鳥翼，上下之巍構，後必□而建者也。今姑以記其廟之梗概云爾。

賜進士第徵仕郎兵科左給事中郡人張第元撰，玄門弟子王陽□書。

本廟起意糾首：惠廷懿、李仲年、惠迪、惠齊、李得萬、惠遜、王達會、惠敦 惠錦、李得法、惠天民、田稔、李繼唐。

本廟住持樊修，玄門第子李陽琳，門徒李未珍、白未珠。

本縣田同南里石匠楊鳳、楊凰、楊臺鎸。

時龍飛崇禎九年歲次丙子孟冬吉旦謹誌。

249. 重修大井碑記

立石年代：明崇禎十年（1637 年）
原石尺寸：高 85 厘米，寬 63 厘米
石存地點：陽泉市盂縣北下莊鄉坡頭村

〔碑額〕：題名碑記

大明國□□太原府盂縣之豊，□□坡頭、洞溝村人，要重修古大井一眼。塌毁損壞，無人補修。今二村屡修三次，用銀三百有奇。惟恐村中不和，以起争端，窃思水火不可一□，而人非水火不生。□□有大井，其來旧矣，乃先人之造，而後世爲□業□。今勒石以題名，使人照股均分。後世常守，子孫仰望。勒石爲記，誌之。

糾首六人：刘應双股，刘良仁二股，郭珍二股，郭瑞二股，張恕二股，付一朋一股。郭世才二股，趙忠双股，趙連二股，郭選二股，郭凱、郭九金、郭九緒四股，郭九德、張龍、郭大宰、郭大用、郭大智、刘進宰、刘進和、郭守元、郭九益、郭九禄、郭九云、郭九富、郭九娃二股，張忠、張恩三股，郭□、付天禮，趙春、趙文選二股，張惠、張願、張思、張臣二股，刘進禄、郭光仁、郭丙臣、刘臣、刘光文、郭科、郭九成、郭忠、刘雲、刘采、趙用、武崇化、武根、武崇威、武崇□、武崇□、趙崇□、趙□二股，李啓太、□來官、□來宦、楊明英、□光亮、□光義二股，郗□前、郗□義、曹六□、曹六生、李永太、武崇富、武崇□、趙崇□、付一變、□應周□股。

住持道士曹□□。

崇禎十年正月初七日吉日。

250. 啓建新塑湖瀆大王題名碑記

立石年代：明崇禎十四年（1641年）
原石尺寸：高49厘米，寬60厘米
石存地點：吕梁市方山縣

啓建新塑湖瀆大王題名碑記

功德主陳念，男陳名官。增廣生員陳名宦、陳名標。

彩畫神殿陳□，男陳名通、陳名利、陳名義。重修揭瓦聖殿增廣生員王問卿，妻吴氏，男王淑世。現堂母傅氏，弟王貴卿，妻張氏。

修造僧人昌在，徒明源，侄明廉，孫真義。本寺僧人海竹、海清、昌全、洪滿、昌會、真聲。

上院當家如璧，玉正助工三。

丹青：王□、王化鳳。

鐵筆：趙名□，男趙節貴。

崇禎十四年五月十三日吉旦。

嚻山龍王廟記

壬戌　進士　傅霖　撰

辛酉　舉人　傅震　書

甲子　舉人　傅霈　篆

寺之西舊有龍王廟殿舍頹敝不能侍風雨僧道悝自河東来落髮寓
禮輒嘆曰蕪穢若此神其棲乎會巳邑先後數歲旱故事旱則居民禱
池汪水無不雨至是屢禱不雨即雨且雹為菑于是道悝謂曰年數旱
已亟捨財葺祠則雨矣聞者欣然各頗出粟貲居數月積稍贏道悝乃
程物度材因者因之葺者葺之凡二歲祠成中畫雲氣象神增塑龍
外設栅禦肅然嚴赫其師慧義築臺於前高一尋廣四之以振神道
賴神威靈得衆生檀施工以無墜吾願畢矣是歲雨暘時若
雖有雹不為災果如道悝言村民咸鼓舞来薦牲酒酬
神邪何與僧言若響應也抑氣數有常祠之興
蒸為雨陰脅陽為雹神謀不與矣釋者
之失是矛盾之說也凡予曰竭澤
其御龍者邪又上古有雨
乞之旱乾水溢之
則忽之為
者

251. 崛𡸣山龍王廟記

立石年代：明代

原石尺寸：高 70 厘米，寬 52 厘米

石存地點：太原市尖草坪區柴村街道崛𡸣山多福寺

□□□𡸣山龍王廟記

……寺之西舊有龍王廟，殿舍頽敝，不能待風雨。僧道惺自河東來，落髮寓……禮，輒嘆曰：蕪穢若此，神其栖乎？會己巳，先後数歲旱故事，旱則居民禱……池，注水無不雨，至是屢禱不雨。即雨，且雹爲灾。于是，道惺謂曰：年数旱……亟捨財葺祠則雨矣。聞者欣然，各願出粟資。居數月，積稍贏，道惺乃……程物度材，因者因之，革者革之。凡二歲祠成。中畫雲氣象神，增塑龍……外設栅禦，肅然嚴赫。其師慧義築臺於前，高一尋，廣四之，以擬神道……賴神威靈得衆生檀施工以無墜，吾願畢矣。是歲，雨暘時若，禾稼……雖有雹不爲灾，果如道惺言。村民咸鼓舞來薦，牲酒酬……神邪，何與僧言若響應也，抑氣數有常，祠之興廢……黑烝爲雨，陰脅陽爲雹，神謀不與矣。釋者以……之，夫是矛盾之説也。孔子曰：竭澤固……其御龍者邪？又上古有雨……之旱乾水溢之……則忽之爲……者之……

……壬戌進士傅霖撰……辛酉舉人傅震書……甲子舉人傅霈篆。